高职交通运输与土建类专业规划教材

Planned textbook for Transportation and Railroad Construction Higher Vocational College

CALCULATION OF CONCRETE STRUCTURE AND STEEL STRUCTURE

混凝土（钢）结构检算

◎ 主　编　丁广炜
◎ 副主编　袁光英
◎ 主　审　张　碧

人民交通出版社股份有限公司
China Communications Press Co.,Ltd.

内 容 提 要

本书介绍了钢筋混凝土和钢结构主要结构构件的检算。全书内容包括：钢筋混凝土梁板、柱的检算，预应力混凝土和钢结构检算。全书内容精炼，实用性强。

本书适于高等职业教育及各类成人教育铁道工程技术、高速铁道技术和建筑工程技术等土建类专业学生用作教材使用，也可作为岗位培训教材或供相关专业技术人员学习参考。

图书在版编目(CIP)数据

混凝土(钢)结构检算 / 丁广炜主编. —北京：人民交通出版社股份有限公司, 2015.8
ISBN 978-7-114-12434-1

Ⅰ.①混… Ⅱ.①丁… Ⅲ.①混凝土结构—结构计算②预应力混凝土结构—钢筋混凝土结构—预应力计算 Ⅳ.①TU375.01 ②TU378.1

中国版本图书馆 CIP 数据核字(2015)第 183693 号

书　　名：混凝土(钢)结构检算
著　作　者：丁广炜
责任编辑：杜　琛
出版发行：人民交通出版社股份有限公司
地　　址：(100011)北京市朝阳区安定门外馆斜街3号
网　　址：http://www.ccpress.com.cn
销售电话：(010)59757973
总　经　销：人民交通出版社股份有限公司发行部
经　　销：各地新华书店
印　　刷：北京虎彩文化传播有限公司
开　　本：787×1092　1/16
印　　张：10.25
字　　数：260 千
版　　次：2015 年 8 月　第 1 版
印　　次：2020 年 8 月　第 4 次印刷
书　　号：ISBN 978-7-114-12434-1
定　　价：32.00 元

(有印刷、装订质量问题的图书由本公司负责调换)

前 言

本书是为了适应目前高职教育教学改革提出的"校企合作，工学结合"的人才培养模式和以职业岗位核心技能为导向的课程体系开发，根据高职高专铁道工程技术专业、高速铁道技术专业教学的基本要求并结合目前教学改革发展的需求编写而成的。本书可作为高等职业教育及各类成人教育铁道工程技术专业、高速铁道技术专业、建筑工程技术等土建类学生的教材，也可作为岗位培训教材或供相关专业技术人员学习参考。

本书主要包括：钢筋混凝土梁板、柱检算，预应力混凝土和钢结构检算共四部分内容。编写中采用最新的行业规范，主要有《混凝土结构设计规范》(GB 50010—2010)、《铁路桥涵钢筋混凝土和预应力混凝土结构设计规范》(TB 10002.3—2005)、《建筑结构荷载规范》(GB 50009—2012)、《钢结构设计规范》(GB 50017—2003)。

全书由丁广炜任主编并负责统稿，袁光英任副主编。具体编写分工如下：绪论由袁光英（陕西铁路工程职业技术学院）编写；单元一中学习项目一、二、三由丁广炜（陕西铁路工程职业技术学院）编写，单元一中学习项目四由刘辉（中铁七局郑州公司）编写；单元二由金花（陕西铁路工程职业技术学院）编写；单元三由王龙（陕西铁路工程职业技术学院）编写；单元四由李连生（陕西铁路工程职业技术学院）、李海军（中铁咨询济南设计院）共同编写。

本书由陕西铁路工程职业技术学院张碧担任主审，他对书稿提出了许多宝贵意见，在此表示衷心感谢。

由于编者水平有限，书中难免有许多不妥之处，敬请同行和读者在使用过程中提出宝贵意见，以便进一步修订。

编 者
2015 年 7 月

目 录

绪论 ……………………………………… 1

单元一 钢筋混凝土梁板检算 …… 8
学习项目一 预备知识 ……………… 9
任务一 钢筋与混凝土材料 ………… 9
任务二 结构设计的基本知识 …… 28
学习项目二 单筋矩形截面梁板检算 ……………………………… 37
任务一 梁板的构造知识 ………… 37
任务二 梁的正截面破坏过程及其特征 ………………… 42
任务三 单筋矩形截面梁板正截面承载力检算 …… 47
任务四 单筋矩形截面梁板斜截面承载力 ………… 52
任务五 梁板正常使用极限状态验算 ……………………… 60
学习项目三 双筋矩形截面梁板检算 ……………………………… 67
学习项目四 T形截面梁检算 …… 73
小结 …………………………………… 77
【想一想】 …………………………… 77
【练一练】 …………………………… 78

单元二 钢筋混凝土柱检算 ……… 80
学习项目一 轴心受压柱检算 …… 81
任务一 柱的构造知识 …………… 81
任务二 轴心受压柱正截面承载力检算 ……………… 83
学习项目二 偏心受压柱检算 …… 90
任务一 偏心受压柱的正截面破坏形态及其特征 …… 90

任务二 偏心受压柱正截面承载力检算 …………… 92
小结 ………………………………… 101
【想一想】 ………………………… 101
【练一练】 ………………………… 102

单元三 预应力混凝土 …………… 103
学习项目一 先张法施工 ………… 104
任务一 预应力混凝土的基本知识 ……………………… 104
任务二 先张法施工工艺 ……… 107
学习项目二 后张法施工 ………… 108
任务一 后张法施工工艺 ……… 108
任务二 预应力损失和预应力混凝土的构造知识 …… 113
小结 ………………………………… 123
【想一想】 ………………………… 123

单元四 钢结构检算 ……………… 124
学习项目一 钢结构连接检算 …… 125
任务一 钢结构的基本概念及连接方法 ……………… 125
任务二 钢结构焊接连接检算 … 126
任务三 钢结构螺栓连接检算 … 135
学习项目二 钢支架检算 ………… 144
小结 ………………………………… 153
【想一想】 ………………………… 154
【练一练】 ………………………… 154

附录 …………………………………… 155

参考文献 ……………………………… 157

绪 论

在建筑物中,承受和传递作用的各部件的总和称为结构。结构根据材料可分为木结构、砌体结构、混凝土结构、钢结构等。

1. 混凝土结构

混凝土结构是指以混凝土为主要材料制作的结构。包括素混凝土结构、钢筋混凝土结构和预应力混凝土结构三类。目前也逐渐发展了钢管混凝土结构、钢骨混凝土结构、**FRP** 筋混凝土结构、纤维混凝土结构等。

(1) 素混凝土结构是指由无筋或不配置受力钢筋的混凝土制成的结构,主要用于承受压力而不承受拉力的结构,如重力堤坝、基础、混凝土路面等。

(2) 钢筋混凝土结构是指用钢筋作为配筋的普通混凝土结构、钢筋混凝土结构广泛应用于各种房屋建筑、桥梁、涵洞等。如图 0-1 所示为常见钢筋混凝土结构和构件的配筋实例。

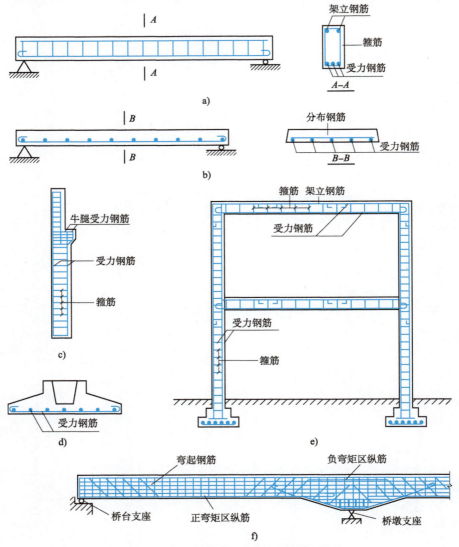

图 0-1 常见钢筋混凝土结构和构件配筋实例

a)钢筋混凝土简支梁的配筋;b)钢筋混凝土简支平板的配筋;c)装配式钢筋混凝土单层工业厂房边柱的配筋;d)钢筋混凝土环形基础的配筋;e)两层单跨钢筋混凝土框架的配筋;f)钢筋混凝土连续梁桥的配筋

(3) 预应力混凝土结构是由配置受力的预应力钢筋通过张拉或其他方法建立预加应力的混凝土制成的结构。由于预应力混凝土结构在构件承受作用之前预先对混凝土受拉区施加适当的压应力,因而在正常使用条件下,可以人为地控制截面上的应力,从而延缓裂缝的产生和发展,或者说可将裂缝宽度控制在一定的范围之内,且可采用高强度混凝土及高强度钢材,从而降低自重,增大跨越能力。但高强材料单价高,预应力混凝土结构施工难度大、工序多,对技术要求也较高。目前,预应力混凝土结构被广泛应用于铁路桥梁、公路桥梁以及其他大跨度结构。

2. 钢结构

钢结构是指由型钢或钢板通过一定的连接方式所构成。钢结构系指以钢材为主制作的结构。钢结构具有以下主要优点:材料强度高,自重轻,塑性和韧性好,材质均匀;便于工厂生产和机械化施工,便于拆卸,施工工期短;具有优越的抗震性能;无污染、可再生、节能、安全,符合建筑可持续发展的原则,可以说钢结构的发展是21世纪建筑文明的体现。钢结构也存在应用弊端:钢结构易腐蚀,需经常油漆维护,故维护费用较高;耐火性差,当温度达到250℃时,钢结构的材质将会发生较大变化;当温度达到500℃时,结构会瞬间崩溃,完全丧失承载能力。钢结构的应用正日益增多,尤其多应用在高层建筑及大跨度结构(如屋架、网架、悬索等结构)中。

本课程重点讲述钢筋混凝土结构的材料性能、设计检算原则、检算方法和构造措施,同时介绍一些预应力混凝土结构的基本知识,钢结构的基本知识、连接检算方法等。

一 钢筋混凝土结构

1. 钢筋混凝土结构的受力特点

(1) 素混凝土简支梁的破坏试验

如图0-2a) 所示为一根未配置钢筋的素混凝土简支梁,跨度4m,截面尺寸 $b \times h = 200mm \times 300mm$,混凝土强度等级为C20。梁的跨中作用一个集中荷载F,对其进行破坏性试验。

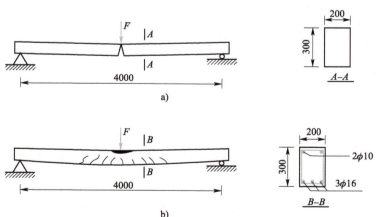

图0-2 素混凝土和钢筋混凝土梁破坏情况比较(尺寸单位:mm)

试验结果表明:

① 当荷载较小时,截面上的应变则同弹性材料的梁一样,沿截面高度呈直线分布。

② 当荷载增大,使截面受拉区边缘纤维拉应变达到混凝土抗拉极限应变时,该处的混凝土

被拉裂,裂缝沿截面高度方向迅速开展,试件随即发生断裂破坏。

③破坏的性质:破坏是突然的,没有明显的预兆,属于脆性破坏。

尽管混凝土的抗压强度比其抗拉强度高几倍或十几倍,但得不到充分利用,因为该试件的破坏是由混凝土的抗拉强度控制,破坏荷载值很小,只有8kN左右。

(2)钢筋混凝土梁的破坏试验

在梁的受拉区布置3根直径为16mm的HPB300级钢筋(记作3φ16),并在受压区布置2根直径10mm的架力钢筋和适量的箍筋,再进行同样的荷载试验[图0-2b)]。

试验结果表明:

①当加载到一定阶段,使截面受拉区边缘纤维拉应力达到混凝土抗拉极限强度时,混凝土虽被拉裂,但裂缝不会沿截面的高度迅速开展,试件也不会随即发生断裂破坏。

②混凝土开裂后,裂缝截面的混凝土拉应力由纵向受拉钢筋来承受,故荷载还可进一步增加。此时变形将相应发展,裂缝的数量和宽度也将增大。

③受拉钢筋抗拉强度和受压区混凝土抗压强度都被充分利用时,试件才发生破坏。

④破坏性质:试件破坏前,变形和裂缝都发展得很充分,呈现出明显的破坏预兆,属于塑性破坏。

虽然试件中纵向受力钢筋的截面面积只占整个截面面积的1%左右,但破坏荷载却可以提高到42kN左右。

归纳总结一下,在混凝土结构中配置一定形式和数量的钢筋,可以收到下列效果:

①结构的承载能力有很大的提高。

②结构的受力性能得到显著的改善(破坏前带有明显的预兆,即变形和裂缝都较明显)。

2. 钢筋和混凝土共同工作的主要原因

钢筋和混凝土是两种物理、力学性能很不相同的材料,它们可以相互结合、共同工作的主要原因是:

(1)混凝土结硬后,能与钢筋牢固地黏结在一起,相互传递内力。黏结力是这两种性质不同的材料能够共同工作的基础。

(2)钢筋的线膨胀系数为 $1.2 \times 10^{-5} ℃^{-1}$,混凝土的为 $1.0 \times 10^{-5} ℃^{-1} \sim 1.5 \times 10^{-5} ℃^{-1}$,二者数值相近。因此,当温度变化时,钢筋与混凝土之间不会存在较大的相对变形及因温度应力而发生黏结破坏。

(3)钢筋包裹在混凝土中,混凝土保护层可以保护钢筋,避免或延缓钢筋锈蚀。

3. 钢筋混凝土结构的特点

(1)钢筋混凝土结构的优点

钢筋混凝土结构除了比素混凝土结构具有较高的承载力和较好的受力性能以外,与其他结构相比,还具有下列优点:

①就地取材。钢筋混凝土结构中,砂和石料所占比例很大,水泥和钢筋所占比例较小。砂和石料一般可以由建筑工地附近供应。

②节约钢材。钢筋混凝土结构的承载力较高。大多数情况下可取代钢结构,因而节约钢材。

③耐久、耐火。钢筋埋放在混凝土中,受混凝土保护不易发生锈蚀,因而提高了结构的耐久性。当火灾发生时,钢筋混凝土结构不会像木结构那样被燃烧,也不会像钢结构那样很快软化而破坏。

④可模性好。钢筋混凝土结构可以根据需要浇捣成任何形状。

⑤现浇式或装配整体式钢筋混凝土结构的整体性好,刚度大。

(2)钢筋混凝土结构的缺点

①自重大。钢筋混凝土的重度约为 $25kN/m^3$,比砌体和木材的重度都大。尽管比钢材的重度小,但结构的截面尺寸比钢结构的大,因而其自重远远超过相同跨度或高度的钢结构。

②抗裂性差。如前所述,混凝土的抗拉强度非常低,因此,普通钢筋混凝土结构经常带裂缝工作。尽管裂缝的存在并不一定意味着结构发生破坏,但是它影响结构的耐久性和美观性。当裂缝数量较多和开展较宽时,还将给人造成不安全感。

③施工的周期较长,受天气的影响较大,需要较多的脚手架、模板。

④补强维修较难。

综上所述,不难看出,钢筋混凝土结构的优点远多于其缺点。

因此,它已经在房屋建筑、桥梁、铁路、隧道、港口、水利、军事等工程中得到广泛应用。

针对其缺点,人们研究出许多的有效措施:为了克服钢筋混凝土自重大的缺点,已经研究出许多高强轻质混凝土和强度很高的钢筋;为了克服普通钢筋混凝土容易开裂的缺点,可以对它施加预应力等。

钢筋混凝土结构发展简况及应用

1. 混凝土结构早期的发展历程

1824 年,英国约瑟夫·阿斯匹丁发明了波特兰水泥并取得了专利。

1850 年,法国兰波特(L. Lambot)制成了铁丝网水泥砂浆的小船。

1861 年,法国约瑟夫·莫尼埃(Joseph Momier)获得了制造钢筋混凝土板、管道和拱桥等的专利。

德国学者于 1866 年发表了计算理论和计算方法,1887 年又发表了试验结果,并提出了钢筋应配置在受拉区的概念和板的计算方法。在此之后,钢筋混凝土的推广应用才有了较快的发展。

1891~1894 年,欧洲各国的研究者发表了一些理论和试验研究结果。但是在 1850~1900 年的整整 50 年内,由于工程师们将钢筋混凝土的施工和设计方法视为商业机密,因此总的来说公开发表的研究成果不多。

美国学者于 1850 年进行过钢筋混凝土梁的试验,但其研究成果直到 1877 年才发表并为人所知。19 世纪 70 年代,有学者曾使用过某些形式的钢筋混凝土,并且于 1884 年第一次使用变形(扭转)钢筋并形成专利。1890 年,在旧金山建造了一幢两层高、321 英尺(95m)长的钢筋混凝土美术馆。从此以后,钢筋混凝土在美国获得了迅速的发展。

从 20 世纪 30 年代开始,从材料性能的改善,结构形式的多样化,施工方法的革新,计算理论和设计方法的完善等多方面开展了大量的研究工作,工程应用越来越普遍,标志着钢筋混凝土结构进入了现代化阶段。

2. 混凝土结构用材料的发展——高强轻质

(1)混凝土材料强度大幅提高

在 20 世纪 30 年代,混凝土平均强度约为 10MPa,到 20 世纪 50 年代初已提高到 20MPa,20 世纪 60 年代约为 30MPa,20 世纪 70 年代初已提高到 40MPa。到 20 世纪 80 年代初,在发达国家 C60 级混凝土已经普遍采用。

近年来,国内外采用附加减水剂的方法已制成强度为 200MPa 以上的混凝土。

高强混凝土的出现,更加扩大了混凝土结构的应用范围,为钢筋混凝土在防护工程、压力容器、海洋工程等领域的应用创造了条件。

(2) 轻质混凝土的研究与应用

从 20 世纪 60 年代以来,轻集料(陶粒、浮石等)混凝土和多孔(主要是加气)混凝土得到迅速发展,其重度为 14~18kN/m³。

3. 预应力混凝土结构的发展

1928 年,法国工程师弗耐西涅成功地将高强钢丝用于预应力混凝土,使预应力混凝土的概念得以在工程实践中成为现实。

预应力混凝土的概念在 19 世纪 80 年代已提出,但是当时因钢筋强度偏低及对预应力损失缺乏深入研究,使预应力混凝土未能成功地实现应用。预应力混凝土的广泛应用是在 1938 年弗耐西涅发明锥形楔式锚具(弗式锚具)和 1940 年比利时的门格尔发明门格尔体系之后。预应力混凝土结构的抗裂性得到根本的改善,使高强钢筋能够在混凝土结构中得到有效的利用,使混凝土结构能够用于大跨结构、压力储罐、核电站容器等领域中。

4. 在结构形式方面的发展

(1) 钢筋混凝土结构在高层建筑中的应用

高强混凝土的发展,促进了混凝土结构在超高层建筑中的应用。1976 年建成的美国芝加哥水塔广场大厦达 74 层,高 262m。朝鲜平壤的柳京大厦,105 层,高 305m,也是混凝土结构。美国、俄罗斯等国在高层建筑中采用的混凝土,强度已达 C80~C100。美国西雅图市的 Two Union Square 大厦(58 层)的 60% 的竖向荷载由中央 4 根直径为 10 英尺(3.05m)的钢管混凝土柱承受,钢管内填充的混凝土强度等级达 C135。

(2) 钢筋混凝土结构在桥梁、特种结构、水利工程、海洋工程、港口码头工程等各领域内的发展

1875 年,法国莫尼埃曾主持修建过一座长达 16m 的钢筋混凝土桥;1983 年,巴西建成主跨为 440m 的预应力混凝土斜拉桥;1997 年,我国在四川万县建成主跨 420m 的混凝土拱桥等。在相关领域所取得的瞩目成就不再一一列举。

(3) 钢筋混凝土结构新形式

从 1925 年德国第一次采用折板结构建设大型煤仓开始,薄壁空间结构逐渐在屋盖及储仓水塔、水池等构建物中得到广泛应用。

5. 在计算理论与设计方法方面的发展

20 世纪 30 年代以前,钢筋混凝土被视为理想弹性材料,按材料力学的容许应力法进行设计计算,但从 20 世纪初即开始了对钢筋混凝土构件考虑材料塑性性能的研究。苏联在 1938 年颁布了世界上第一本按破损阶段设计钢筋混凝土构件的规范,标志着钢筋混凝土构件承载力计算的实用方法进入了一个新的发展阶段。20 世纪 30 年代以后,在钢筋混凝土超静定结构中考虑塑性内力重分布的计算理论也取得了很大进展,从 20 世纪 50 年代开始,已在双向板、连续梁及框架的设计中得到了应用。

20 世纪 60 年代以来,随着电子计算机的普及与计算力学的发展,将有限元法用于钢筋混凝土的理论研究与设计计算,大大促进了钢筋混凝土理论及设计方法的发展。

在结构的安全度及可靠度设计方法方面,20世纪50年代以前,基本上处于经验性的容许应力法的阶段;20世纪50~60年代,世界各国逐步采用半经验半概率的极限状态设计法;20世纪70年代以来,以概率论、数理论、统计学为基础的结构可靠度理论有了很大的发展,使结构可靠度的近似概率法进入了工程设计中。

目前钢筋混凝土结构设计是采用以概率理论为基础的可靠度理论,采用极限状态设计方法进行设计。

课程特点及学习应注意的事项

(1)计算公式具有经验性

①混凝土结构在裂缝出现以前的抗力行为,与理想弹性结构相近。但是在裂缝出现以后,与理想弹性材料有显著不同。

②混凝土结构的受力性能还与结构的受力状态、配筋方式和配筋数量等多种因素有关,暂时还难以用一种简单的数学、力学模型来描述。

因此,目前主要以混凝土结构构件的试验与工程实践经验为基础进行分析,许多计算公式都带有经验性质。它们虽然不那样严谨,然而却能够较好地反映结构的真实受力性能。

(2)理论联系实际

本课程的理论本身就来源于生产实践,它是前人大量工程实践的经验总结。因此,学习本课程时,应通过实习、参观等各种渠道向工程实践学习,加强练习、课程设计等,真正做到理论联系实际。

(3)重视各种构造措施

进行混凝土结构设计时离不开计算。但是,现行的计算方法一般只考虑荷载效应。其他影响因素如混凝土收缩、温度影响以及地基不均匀沉陷等,难于用计算公式来表达。如《混凝土结构设计规范》(GB 50010—2010)根据长期的工程实践经验,总结出一些构造措施来考虑这些因素的影响。因此,在学习本课程时,除了要对各种计算公式了解和掌握以外,对于各种构造措施也必须给予足够的重视。在设计混凝土结构时,除了进行各种计算之外,还必须检查各项构造要求是否得到满足。

(4)注意学习有关标准、规范、规程

各国都制定有专门的技术标准的设计规范,在学习混凝土结构时,应该很好地熟悉、掌握和运用它们。我国标准、规范、规程有以下四种不同的情况:一是强制性条文(标准规范中用黑体字编排部分)。虽是技术标准中的技术要求,但已具有某些法律性质(将来可能会演变成"建筑法规"),一旦违反,不论是否引起事故,都将被严厉惩罚,故必须严格执行。二是要严格遵守的条文。规范中正面词用"必须",反面词用"严禁",表示非这样做不可,但不具有强制性。三是应该遵守的条文。规范中正面词用"应",反面词用"不应"或"不得",表示在正常情况下均应这样做。四是允许稍有选择或允许有选择的条文。表示允许稍有选择,在条件许可时首先应这样做,正面词用"宜",反面词用"不宜";表示有选择,在一定条件可以这样做的,采用"可"表示。熟悉并学会应用有关标准、规范、规程是学习本课程的重要任务之一,因此,学习中应自觉结合课程内容学习,以达到逐步熟悉并正确应用之目的。

单元一

钢筋混凝土梁板检算

学习项目一　预备知识

任务一　钢筋与混凝土材料

【学习目标】
1. 掌握钢筋的不同分类以及钢筋的应用；
2. 知道混凝土的组成和强度指标；
3. 掌握钢筋与混凝土的共同工作原理；
4. 掌握黏结力的组成以及提高黏结强度的措施；
5. 熟悉规范对钢筋的级别和强度、混凝土的强度等级的规定。

【任务概况】
铁路工程的桥梁，桩基础钢筋采用HRB335，混凝土采用C30；桥墩钢筋选择HPB300，混凝土选用C20；预应力混凝土梁钢筋用HRB400，混凝土采用C30，请问此桥梁的钢筋和混凝土选择是否正确？

请在学习完以下知识后，给出答案。

钢筋混凝土是由钢筋和混凝土这两种力学性能不同的材料所组成。为了正确合理地进行钢筋混凝土结构设计，必须深入了解钢筋混凝土结构及其构件的受力性能和特点。而对于混凝土和钢筋材料的物理力学性能(强度和变形的变化规律)的了解，则是掌握钢筋混凝土结构的构件性能、分析和设计的基础。

一　钢筋

钢筋混凝土结构使用的钢筋，不仅要强度高，而且要具有良好的塑性和可焊性，同时还要求与混凝土有较好的黏结性能。

1. 钢筋的力学性能

钢筋的力学性能有强度和变形(包括弹性变形和塑性变形)等。单向拉伸试验是确定钢筋力学性能的主要手段。通过试验可以看到，钢筋的拉伸应力—应变关系曲线可分为两大类，即有明显流幅和没有明显流幅的。

图1-1为有明显流幅的钢筋拉伸应力—应变曲线。在达到比例极限 a 点之前，材料处于弹性阶段，应力与应变的比值为常数，即为钢筋的弹性模量 E_s。此后应变比应力增加快，到达 b 点进入屈服阶段，即应力不增加，应变却继续增加很多，应力—应变曲线图形接近直线，称为屈服台阶(或流幅)。对于有屈服台阶的钢筋来讲，有两个屈服点，即屈服上限(b 点)和屈服下限(c 点)。屈服上限受试验加载速度、表面粗糙度等因素影响而波动；屈服下限则较稳定，故一般以屈服下限为依据，称为屈服强度。过了 f 点后，材料又恢复部分弹性进入强化阶段，应力—应变关系表现为上升的曲线，到达曲线最高点 d，d 点的应力称为极限强度。过了 d 点后，试件的薄弱处发生局部"颈缩"现象，应力开始下降，应变仍继续增加，到 e 点后发生断裂，e

点所对应的应变(用百分数表示)称为伸长率,用 δ_{10} 或 δ_5 表示(分别对应于量测标距为 $10d$ 或 $5d$,d 为钢筋直径)。

有明显流幅的钢筋,拉伸时的应力—应变曲线显示了钢筋主要物理力学指标,即屈服强度、抗拉极限强度和伸长率。屈服强度是钢筋混凝土结构计算中钢筋强度取值的主要依据,把屈服强度与抗拉极限强度的比值称为屈强比,它可以代表材料的强度储备,一般屈强比要求不大于 0.8。伸长率是衡量钢筋拉伸时的塑性指标。

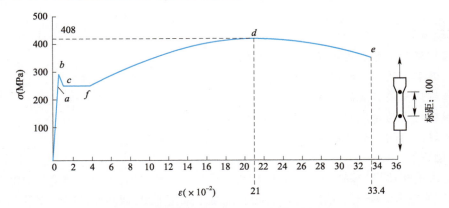

图 1-1 有明显流幅的钢筋应力—应变曲线(尺寸单位:mm)

表 1-1 为我国国家标准对钢筋混凝土结构所用普通热轧钢筋(具有明显流幅)的机械性能做出的规定。

普通钢筋标准值(N/mm^2) 表 1-1

牌　号	符　号	公称直径 d(mm)	屈服强度标准值 f_{yk}(N/mm^2)	极限强度标准值 f_{stk}(N/mm^2)
HPB300	Φ	6～22	300	420
HRB335 HRBF335	Φ Φ F	6～50	335	455
HRB400 HRBF400 RRB400	Φ Φ F Φ R	6～50	400	540
HRB500 HRBF500	Φ Φ F	6～50	500	630

预制构件在工厂中进行冷加工,形成满足设计要求的各种形状的钢筋,基本形式是钢筋的弯钩和弯折(图 1-2)。为了使钢筋在加工、使用时不开裂、弯断或脆断,钢筋必须满足冷弯性能要求。一般采用冷弯试验进行检查,即钢筋试件绕弯心直径为 D 的辊轴冷弯后,钢筋外表面不产生裂纹、鳞落或断裂现象为合格。

在拉伸试验中没有明显流幅的钢筋,其应力—应变曲线如图 1-3 所示。高强度碳素钢丝、钢绞线的拉伸应力—应变曲线没有明显的流幅。钢筋受拉后,应力与应变按比例增长,其比例(弹性)极限约为 $\sigma_e = 0.75\sigma_b$。此后,钢筋应变逐渐加快发展,曲线的斜率渐减,当曲线到顶点极限强度 f_b 后,曲线稍有下降,钢筋出现少量颈缩后立即被拉断,极限延伸率较小,为 5%～7%。

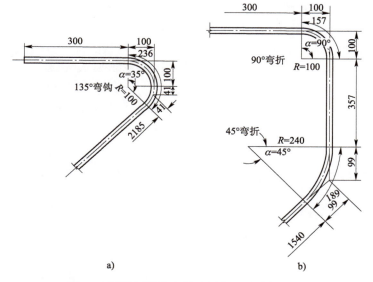

图 1-2 钢筋的弯钩与弯折示意图（尺寸单位：mm）
a）钢筋 135°弯钩；b）钢筋的弯折

在结构设计时，需对这类拉伸曲线上没有明显流幅的钢筋定义一个名义的屈服强度作为设计值。将对应于残余应变为 0.2%时的应力 $\sigma_{0.2}$ 作为屈服点（又称条件屈服强度），一般取 $\sigma_{0.2}=0.85\sigma_b$。

当钢筋混凝土构件处于受侵蚀物质等影响的环境中时，有可能使普通钢筋加速腐蚀。当结构的耐久性确实受到严重威胁时，建议采用环氧树脂涂层钢筋。环氧树脂涂层钢筋是在工厂生产条件下，用普通热轧钢筋采用环氧树脂粉末以静电喷涂方法生产的钢筋。在钢筋表面上形成的连续环氧树脂涂层薄膜，呈绝对惰性，可以完全阻隔钢筋受到大气、水中侵蚀物质的腐蚀。

2. 钢筋的成分、级别和品种

我国钢材按化学成分可分为碳素钢和普通低合金钢两大类。

碳素钢除含铁元素外，还有少量的碳、锰、硅、磷等元素。其中含碳量愈高，钢筋强度愈高，但钢筋的塑性和可焊性愈差。一般把含碳量少于 0.25%的称为低碳钢；含碳量在 0.25%~0.6%的称为中碳钢；含碳量大于 0.6%的称为高碳钢。

在碳素钢的成分中加入少量合金元素就成为普通低合金钢，如 20MnSi、20MnSiV、20MnTi 等，其中名称前面的数字代表平均含碳量（以万分之一计）。由于加入了合金元素，普通低合金钢虽含碳量高，强度高，但是其拉伸应力—应变曲线仍具有明显的流幅。

普通钢筋按照外形特征可分为热轧光圆钢筋和热轧带肋钢筋（图 1-4）。热轧光圆钢筋是经热轧成型并自然冷却的表面平整、截面为圆形的钢筋。热轧带肋钢筋是经热轧成型并自然

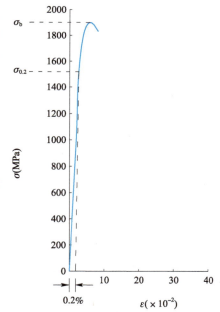

图 1-3 没有明显流幅的钢筋应力—应变曲线

冷却而其圆周表面通常带有两条纵肋和沿长度方向有均匀分布横肋的钢筋,其中横肋斜向一个方向而成螺纹状的称为螺纹钢筋[图 1-4b)];横肋斜向不同方向而成"人"字形的,称为人字形钢筋[图 1-4c)]。纵肋与横肋不相交且横肋为月牙形状的,称为月牙纹钢筋[图 1-4d)]。

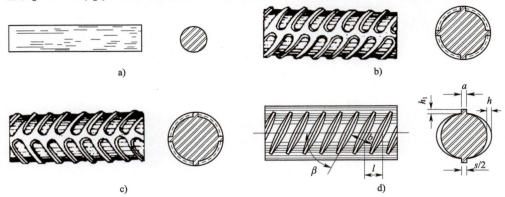

图 1-4 热轧钢筋的外形
a)光圆钢筋;b)螺纹钢筋;c)人字形钢筋;d)月牙形钢筋

钢筋按生产加工工艺可分为热轧钢筋、冷加工钢筋、热处理钢筋、钢丝四大类。热轧钢筋是钢厂用普通低碳钢(含碳量不大于 0.25%)和普通低合金钢(合金元素不大于 5%)制成的,钢筋混凝土结构中的钢筋和预应力混凝土结构中的非预应力钢筋主要是热轧钢筋。《混凝土结构设计规范》(GB 50010—2010)(以下简称《混凝土规范》)规定,纵向受力普通钢筋宜采用 HRB400、HRB500、HRBF400、HRBF500 钢筋,也可采用 HRB335、HRBF335、HPB300、RRB400 钢筋;箍筋宜采用 HRB400、HRBF400、HPB300、HRB500、HRBF500 钢筋,也可采用 HRB335、HRBF335 钢筋;预应力筋宜采用预应力钢丝、钢绞线和预应力螺纹钢筋。

3. 钢筋的强度、弹性模量

为了使钢筋强度标准值与钢筋的检验标准统一,对有明显流幅的热轧钢筋,钢筋的抗拉强度标准值 f_{sk} 采用国家标准中规定的屈服强度标准值,国家标准中规定的屈服强度标准值即为钢筋出厂检验的废品限值,其保证率不小于 95%;对于无明显流幅的钢筋,如钢丝、钢绞线等,也根据国家标准中规定的极限抗拉强度值确定,其保证率也不小于 95%。

这里应注意,对钢绞线、预应力钢丝等无明显流幅的钢筋,取 $0.85\sigma_b$(σ_b 为国家标准中规定的极限抗拉强度)作为设计取用的条件屈服强度(指相应于残余应变为 0.2% 时的钢筋应力)。

材料强度的设计值等于材料强度的标准值除以材料的分项系数。材料的分项系数通过可靠度分析或者工程经验得到,其数值一般都大于 1。在工程结构设计和检算过程中,通常可以查阅相关规范确定,如钢筋的标准值可以查表 1-1,设计值查表 1-2,钢筋的弹性模量查表 1-3。

普通钢筋设计值(N/mm²)　　　　　表 1-2

牌　号	抗拉强度设计值 f_y	抗压强度设计值 f'_y
HPB300	270	270
HRB335、HRBF335	300	300
HRB400、HRBF400、RRB400	360	360
HRB500、HRBF500	435	435

钢筋的弹性模量（$\times 10^5 \text{N/mm}^2$） 表1-3

牌号或种类	弹性模量 E_s
HPB300 钢筋	2.10
HRB335、HRB400、HRB500 钢筋 HRBF335、HRBF400、HRBF500 钢筋 RRB400 钢筋 预应力螺纹钢筋、中强度预应力钢丝	2.00
消除应力钢丝	2.05
钢绞线	1.95

4.钢筋的连接

除小规格盘圆钢筋可以按需切断外，直条钢筋定尺长度一般为9~12m。当钢筋长度不够或需要采用施工缝或后浇带等构造措施时，钢筋就需要连接。连接是指将两根钢筋的端头在一定长度内并放，并采用适当的连接将一根钢筋的力传给另一根钢筋。

（1）钢筋接头类型

钢筋的接头可分为绑扎搭接、机械连接和焊接三大类。

①绑扎搭接

绑扎搭接是最简单的连接形式，也是最可靠的连接方式，应用较广，但钢筋浪费较多。绑扎搭接钢筋之间能够传力是由于钢筋与混凝土之间的黏结锚固作用。两根相向受力钢筋分别锚固在搭接连接区域的混凝土中，都将拉力传递给混凝土，从而实现钢筋之间的应力传递。绑扎搭接传力基础是锚固，搭接钢筋之间的缝间混凝土会因剪切而破碎，握裹力受到削弱，搭接钢筋锚固强度因此而减小，因此搭接长度应予以加长。同时，由于锥楔作用造成的径向推力使两根搭接的钢筋产生滑移分离的趋势，搭接钢筋之间容易发生纵向劈裂裂缝，在搭接区加密箍筋可以提高受力钢筋的黏结强度和约束力，延缓内裂缝的发展和限制构件表面劈裂裂缝的宽度，从而有效改善搭接连接效果。如果在同一区段中搭接钢筋比例较高，尽管其传力性能和承载力可以保证，但搭接钢筋之间的相对滑移将超过整筋的弹性变形，同时裂缝相对集中；并且由于绑扎搭接时内力和应变集中于搭接接头部位，将形成很大的端头横向裂缝和沿搭接钢筋之间的纵向劈裂裂缝；接头区域会发生龟裂、凸鼓、剥落，而造成接头破坏。

构件受力时，混凝土之所以能与钢筋共同工作是因为钢筋与混凝土之间的黏结力，相互结合得很牢靠，混凝土能紧紧地包裹钢筋，使它们成为一体，共同受力。钢筋搭接长度随接头面积的百分率的提高而增大，是因为搭接接头受力后，相互搭接的两根钢筋将产生相对滑移，且搭接长度越小，滑移越大。为了使接头充分受力的同时，不减弱构件的刚度，就需要相应增大搭接长度。钢筋接头应错开布置，因为接头是薄弱区域，错开布置后可以使薄弱区段分散。接头端面位置应保持一定距离。首尾相接式的布置会在相接处引起应力集中和局部裂缝，所以应避免首尾相接式的布置。在柱梁等构件钢筋搭接接头区域配置箍筋对保证搭接传力至关重要。当采用搭接连接时，作用在搭接接头端部混凝土的劈裂应力要比中部大，搭接接头部位的混凝土容易开裂，且裂缝宽度比非接头部位要宽；而箍筋横向钢筋可以提高混凝土对纵向受力钢筋的黏结强度和约束力，延续内裂缝的发展和限制构件表面劈裂裂缝的宽度，由此改善搭接连接效果。

《混凝土结构设计规范》（GB 50010—2010）中第8.4.6条规定，在纵向受力钢筋搭接长度范围内应配置箍筋，其直径不应小于搭接钢筋较大直径的0.25倍。当钢筋受拉时，拉筋间距不应大于搭接钢筋较小直径的 5 倍,且不应大于 100mm;当钢筋受压时,箍筋间距不应大于搭接钢筋较小直径的 10 倍,且不应大于 200mm。当受压钢筋直径 $d>25$mm 时,尚应在搭接接头两个端面外 100mm 范围内各设置 2 个箍筋。

②机械连接

钢筋的机械连接是通过连接件直接或间接的机械咬合作用或钢筋端面的承压作用将一根钢筋的力传递给另一根钢筋的。

钢筋机械连接是通过连贯于两根钢筋外的套筒来实现传力。套筒与钢筋之间力的过渡是通过机械咬合力。其形式一是钢筋横肋与套筒的咬合,如套筒挤压;其形式二是在钢筋表面加工出螺纹,与套筒的螺纹之间的传力,如直螺纹和锥螺纹;其形式三是在钢筋与套筒之间灌注高强的胶凝液体,通过中间介质实现应力传递。由于机械连接套筒的存在,机械连接区段的混凝土保护层厚度和间距将减小,不能满足最小保护层厚度要求,但任何情况下,其横向间距都不宜小于 25mm。

机械连接分为直螺纹、锥螺纹、套筒挤压:

a. 直螺纹。

直螺纹套筒连接是先将钢筋端头镦粗,再切削成直螺纹,然后用带直螺纹的套筒将钢筋两端拧紧的钢筋连接方法。

b. 锥螺纹。

钢筋锥螺纹套筒连接是将两根待连接钢筋端头用套丝机做出锥形外丝,然后用带锥形内丝的套筒将钢筋两端拧紧的钢筋连接方法。

c. 套筒挤压。

带肋钢筋套筒挤压连接是将两根待接钢筋插入钢套筒,用挤压连接设备沿径向挤压钢套筒,使之产生塑性变形,依靠变形后的钢套筒与被连接钢筋纵、横肋产生的机械咬合成为整体的钢筋连接方法。

③焊接连接

焊接连接是利用热加工、熔融钢筋实现钢筋焊接连接。主要工艺有电阻、电弧或者燃烧气体加热钢筋端头使之熔化并用加压或增加熔融的金属焊材料,使之连成一体。焊接连接的最大优点是节约钢筋,但焊接连接有很大的缺陷,主要是:影响质量稳定性的因素较多,如操作工艺、施工条件、气候环境等;且焊接质量缺陷难以检查,外表如虚焊、假焊、气泡可以发现纠正,但内裂缝等缺陷难以用肉眼发现而成为隐患。另外,焊接高温可能会引起钢筋性能的变化。钢筋对高温有敏感性,焊接产生的热量会引起某些钢筋金相组织的变化,导致强度下降,焊接区冷却后的收缩也可能导致钢筋内应力,甚至会断裂。注意:国外进口的高碳钢筋、各种冷加工钢筋(冷拉、冷拔、冷轧)和用作预应力配筋的高强钢丝、钢线不能采用焊接。

焊接连接分为电渣压力焊、闪光接触对焊、电弧焊接、气压焊、点焊等。

(2) 钢筋连接的原则

①接头应设置在受力较小处。

②同一根钢筋上应尽量少设接头。

③机械连接接头能产生较牢固的连接力,所以应优先采用机械连接。

(3) 其他注意事项

①不允许纵筋与其他钢筋的电焊连接。

②钢筋接头应位于受力最小处,如反弯点附近,而不宜位于弯矩最大区域。

③电渣压力焊只能用于竖向构件。

④直径大于28mm的钢筋宜采用机械连接。

⑤绑扎搭接中的非接触搭接使混凝土能够与搭接范围内所有钢筋的全表面充分黏结,可以提高搭接钢筋之间通过混凝土传力的可靠度,但非接触搭接并不适用于所有构件、所有部位和所有钢筋。柱、梁的角部钢筋不宜采用非接触连接,因为非接触连接后柱梁角部纵筋到不了箍筋角部,但柱中间纵筋、梁底部纵筋可以用非接触搭接。当剪力墙与现浇板采用非接触的绑扎搭接连接时,可保证混凝土对钢筋360°全握裹,且不存在操作难度。其搭接部位的钢筋净距不宜小于30mm,且钢筋中心距取$\min(0.2l_1,150\mathrm{mm})$。

⑥搭接连接应选择正确的接头部位;要有足够的搭接长度(搭接系数);搭接部位箍筋应加密,其优点是方便省工,缺点是在抗震构件内力较大部位承受反复荷载,有滑动的可能,在钢筋密集部位采用搭接连接易造成混凝土浇筑困难。

⑦为避免节点区钢筋拥挤,梁下部纵筋可以在节点外搭接,但应避开箍筋加密区。

⑧当直接承受吊车荷载的钢筋混凝土吊车梁、屋面梁及屋架下弦的纵向受拉钢筋采用焊接接头时,位于$45d$连接区段内的纵向受拉钢筋接头面积百分率不宜大于25%。

⑨对于重要构件和关键部位首选机械接头。机械接头有等强和非等强之分,受力较大部位用等强机械连接,其他可采用非等强接头,如锥螺纹连接。

⑩在同一根钢筋上宜少设接头,以避免有多个连接接头的钢筋传力性能削弱过多。

⑪轴心受拉及小偏心受拉构件的纵向钢筋不得采用绑扎搭接接头。

⑫双面配置受力钢筋的焊接骨架不得采用绑扎搭接接头。

⑬当受拉钢筋的直径$d>25\mathrm{mm}$及受压钢筋的直径$d>28\mathrm{mm}$时,不宜采用绑扎搭接接头。

⑭同一构件中的相邻纵向受力钢筋的绑扎接头宜相互错开,钢筋绑扎搭接接头连接区段的长度为1.3倍搭接长度,凡搭接接头中点位于该连接区段长度内的搭接接头均属于同一连接区段(图1-5)。同一连接区段内,纵向受力钢筋搭接接头面积百分率为该区段内有搭接接头的纵向受力钢筋与全部纵向受力钢筋截面面积的比值。当直径不同的钢筋搭接时,按直径较小的钢筋计算。

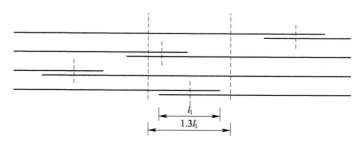

图1-5 同一连接区段内纵向受拉钢筋的绑扎搭接接头

注:图中所示同一连接区段内的搭接接头钢筋为两根,当钢筋直径相同时,钢筋搭接接头面积百分率为50%。

⑮位于同一连接区段内的受拉钢筋搭接接头面积百分率:对梁类、板类及墙类构件,不宜大于25%;对柱类构件,不宜大于50%。当工程中确有必要增大受拉钢筋搭接接头面积百分率时,对梁类构件,不宜大于50%;对板、墙、柱及预制构件的拼接处,可根据实际情况放宽。并筋采用绑扎搭接连接时,应按每根单筋错开搭接的方式连接。接头面积百分率应按同一连接区段内所有的单根钢筋计算。并筋中钢筋的搭接长度应按单筋分别计算。

一般施工现场采用搭接接头方式如图1-6所示,比较有可行性。

⑯任何情况下,纵向受拉钢筋绑扎搭接长度均不小于300mm。

⑰受压区比受拉区搭接受力有利,构件中纵向受压钢筋的搭接长度可乘修正系数0.7,但在任何情况下不应小于200mm。

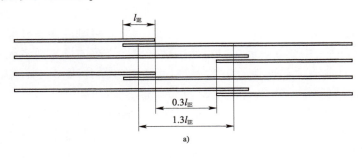

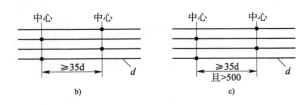

图1-6 施工现场采用的搭接接头
a)施工现场采用的绑扎搭接形式;b)机械连接接头面积百分率50%;c)焊接接头面积百分率50%

⑱在纵向受力钢筋搭接长度范围内应配置加密箍筋,以确保对被连接钢筋的约束。当钢筋受拉时,箍筋间距为$\min(5d,100\text{mm})$;当钢筋受压时,箍筋间距为$\min(10d,200\text{mm})$。当受压钢筋直径$d>25\text{mm}$,为避免受压端面压碎混凝土,尚应在搭接接头两个端点外100mm范围内各设置两根箍筋。搭接接头区域的配箍构造措施对保证搭接传力性能、防止局部挤压裂缝的出现非常重要。

⑲在受力较大处设置机械连接接头时,位于$35d$连接区段内的纵向受拉钢筋接头面积百分率不宜大于50%。纵向受压钢筋不受限制。

⑳在受力较大处设置焊接接头时,位于$35d$连接区段内的纵向受拉钢筋接头面积百分率不宜大于50%。纵向受压钢筋不受限制。

㉑抗震结构的框架柱、框架梁、框支柱、框支梁宜采用机械连接。

㉒需进行疲劳验算的构件,其纵向受拉钢筋不得采用绑扎搭接头和焊接接头。

㉓钢筋搭接传力的本质是锚固,但较锚固相对削弱,因此搭接长度l_l可以在锚固长度基础上适当加长。

受拉钢筋绑扎搭接接头的搭接长度按式(1-1)计算:

$$l_l = \zeta l_a \tag{1-1}$$

式中:ζ——受拉钢筋搭接长度修正系数,它与同一连接区段内搭接钢筋的截面面积有关,见表1-4。

纵向受拉钢筋搭接长度修正系数   表1-4

纵向钢筋搭接接头面积百分率(%)	≤25	50	100
ζ	1.2	1.4	1.6

钢筋绑扎搭接长度随百分率的提高而增大,因为搭接接头受力后,相互搭接的两根钢筋将

产生相对滑移,所以需通过增加搭接长度提高它的刚度,使接头充分受力。

对于受压钢筋的搭接接头及焊接骨架的搭接,也应满足相应的构造要求,以保证力的传递。

 混凝土

1. 混凝土的强度

(1) 混凝土立方体抗压强度

混凝土的立方体抗压强度是以规定的标准试件和标准试验方法得到的混凝土强度基本代表值。我国取用的标准试件为边长相等的混凝土立方体。这种试件的制作和试验均比较简便,而且离散性较小。

我国国家标准《普通混凝土力学性能试验方法标准》(GB/T 50081—2002)规定,以每边长为150mm 的立方体为标准试件,在(20±2)℃的温度和相对湿度在95%以上的潮湿空气中养护28d,依照标准制作方法和试验方法测得的抗压强度值(以 N/mm² 为单位)作为混凝土的立方体抗压强度,用符号 f_{cu} 表示。按这样的规定,就可以排除不同制作方法、养护环境等因素对混凝土立方体强度的影响。

混凝土立方体抗压强度与试验方法有着密切的关系,如图 1-7 所示。在通常情况下,试件的上下表面与试验机承压板之间将产生阻止试件向外自由变形的摩阻力,阻滞了裂缝的发展[图 1-7a],从而提高了试块的抗压强度。破坏时,远离承压板的试件中部混凝土所受的约束最少,混凝土也剥落得最多,形成两个对顶叠加的截头方锥体[图 1-7b]。要是在承压板和试件上下表面之间涂以油脂润滑剂,则试验加压时摩阻力将大为减少,所测得的抗压强度较低,其破坏形态如图 1-7c 所示的开裂破坏。规定采用的方法是不加油脂润滑剂的试验方法。

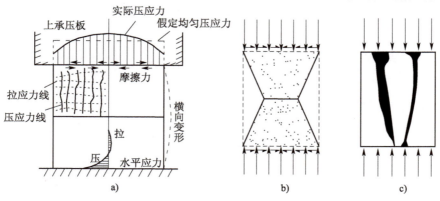

图 1-7 立方体抗压强度试件

a) 立方体试件的受力;b) 承压板与试件表面之间未涂润滑剂时;c) 承压板与试件表面之间涂润滑剂时

混凝土的抗压强度还与试件尺寸有关。试验表明,立方体试件尺寸愈小,摩阻力的影响愈大,测得的强度也愈高。在实际工程中也采用边长为 200mm 和边长为 100mm 的混凝土立方体试件,则所测得的立方体强度应分别乘以换算系数 1.05 和 0.95 来折算成边长为 150mm 的混凝土立方体抗压强度。

(2) 混凝土轴心抗压强度(棱柱体抗压强度)

通常钢筋混凝土构件的长度比它的截面边长要大得多,因此棱柱体试件(高度大于截面边长的试件)的受力状态更接近于实际构件中混凝土的受力情况。按照与立方体试件相同条件下

制作和试验方法所得的棱柱体试件的抗压强度值,称为混凝土轴心抗压强度,用符号f_c表示。

试验表明,棱柱体试件的抗压强度较立方体试块的抗压强度低。棱柱体试件高度h与边长b之比愈大,则强度愈低。当h/b由1增至2时,混凝土强度降低很快。但是当h/b由2增至4时,其抗压强度变化不大(图1-8)。因为在此范围内,既可消除垫板与试件接触面间摩阻力对抗压强度的影响,又可以避免试件因纵向初弯曲而产生的附加偏心距对抗压强度的影响,故所测得的棱柱体抗压强度较稳定。因此,国家标准《普通混凝土力学性能试验方法标准》(GB/T 50081—2002)规定,混凝土的轴心抗压强度试验以150mm×150mm×300mm的试件为标准试件。

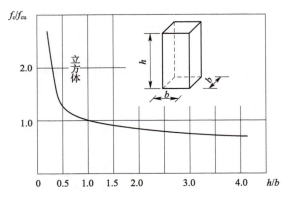

图1-8 h/b对抗压强度的影响

(3) 混凝土抗拉强度

混凝土抗拉强度(用符号f_t表示)和抗压强度一样,都是混凝土的基本强度指标。但是混凝土的抗拉强度比抗压强度低得多,它与同龄期混凝土抗压强度的比值在1/18~1/8。这项比值随混凝土抗压强度等级的增大而减少,即混凝土抗拉强度的增加慢于抗压强度的增加。

混凝土轴心受拉试验的试件可采用在两端预埋钢筋的混凝土棱柱体(图1-9)。试验时,用试验机的夹具夹紧试件两端外伸的钢筋施加拉力,破坏时,试件在没有钢筋的中部截面被拉断,其平均拉应力即为混凝土的轴心抗拉强度。

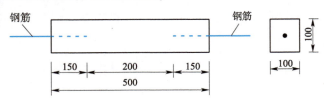

图1-9 混凝土抗拉强度试验试件(尺寸单位:mm)

在用上述方法测定混凝土的轴心抗拉强度时,保持试件轴心受拉是很重要的,也是不容易完全做到的。因为混凝土内部结构不均匀,钢筋的预埋和试件的安装都难以对中,而偏心又对混凝土抗拉强度测试有很大的干扰,因此,目前国内外常采用立方体或圆柱体的劈裂试验来测定混凝土的轴心抗拉强度。

劈裂试验是在卧置的立方体(或圆柱体)试件与压力机压板之间放置钢垫条及三合板(或纤维板)垫层(图1-10),压力机通过垫条对试件中心面施加均匀的条形分布荷载。这样,除垫条附近外,在试件中间垂直面上就产生了拉应力,它的方向与加载方向垂直,并且基本上是均匀的。当拉应力达到混凝土的抗拉强度时,试件即被劈裂成两半。

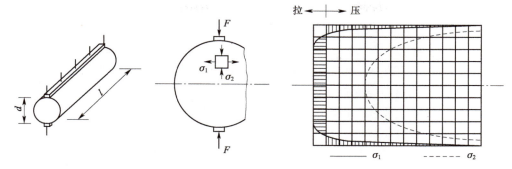

图1-10 劈裂试验

表1-5、表1-6分别给出了混凝土的强度标准值和强度设计值。

混凝土强度标准值（N/mm²）　　　　　　　　　　　　　表1-5

强度	混凝土强度等级													
	C15	C20	C25	C30	C35	C40	C45	C50	C55	C60	C65	C70	C75	C80
f_{ck}	10.0	13.4	16.7	20.1	23.4	26.8	29.6	32.4	35.5	38.5	41.5	44.5	47.4	50.2
f_{tk}	1.27	1.54	1.78	2.01	2.20	2.40	2.51	2.64	2.74	2.85	2.99	3.00	3.05	3.11

混凝土强度设计值（N/mm²）　　　　　　　　　　　　　表1-6

强度	混凝土强度等级													
	C15	C20	C25	C30	C35	C40	C45	C50	C55	C60	C65	C70	C75	C80
f_c	7.2	9.6	11.9	14.3	16.7	19.1	21.2	23.1	25.3	27.5	29.7	31.8	33.8	35.9
f_t	0.91	1.1	1.27	1.43	1.57	1.71	1.80	1.89	1.96	2.04	2.09	2.14	2.18	2.22

（4）复合应力状态下的混凝土强度

在钢筋混凝土结构中，构件通常受到轴力、弯矩、剪力及扭矩等不同组合情况的作用，因此，混凝土更多的是处于双向或三向受力状态。在复合应力状态下，混凝土的强度有明显变化。

对于双向正应力状态，例如，在两个互相垂直的平面上，作用着法向应力 σ_1 和 σ_2，第三个平面上的法向应力为零。双向应力状态下混凝土强度的变化曲线如图1-11所示，其强度变化特点如下所述。

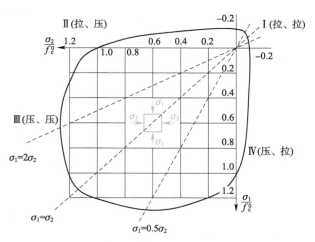

图1-11 双向应力状态下混凝土强度的变化曲线

①当双向受压时(图1-11中第三象限)，一向的混凝土强度随着另一向压应力的增加而增加，σ_1/σ_2 约等于 2 或 0.5 时，其强度比单向抗压强度增加约为 25%，而在 $\sigma_1/\sigma_2=1$ 时，其强度增加仅为 16% 左右。

②当双向受拉时(图1-11中第一象限)，无论应力比值 σ_1/σ_2 如何，实测破坏强度基本不变，双向受拉的混凝土抗拉强度均接近于单向抗拉强度。

③当一向受拉、一向受压时(图1-11中第二、第四象限)，混凝土的强度均低于单向受力(压或拉)的强度。

图 1-12 为法向应力(拉或压)和剪应力形成压剪或拉剪复合应力状态下混凝土强度曲线图。图 1-12 中的曲线表明，混凝土的抗压强度由于剪应力的存在而降低；当 $\sigma/f_c<0.5\sim0.7$ 时，抗剪强度随压应力的增大而增大；当 $\sigma/f_c>0.5\sim0.7$ 时，抗剪强度随压应力的增大而减小。

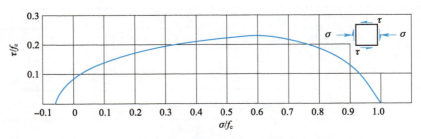

图 1-12　法向应力与剪应力组合时的强度曲线

当混凝土圆柱体三向受压时，混凝土的轴心抗压强度随另外两向压应力增加而增加。混凝土圆柱体三向受压的轴心抗压强度 f_{cc} 与侧压应力 σ_2 之间的关系，可以用下列线性经验公式表示：

$$f_{cc}=f_c+k\sigma_r \quad (1\text{-}2)$$

式中：f_{cc}——三向受压时圆柱体的混凝土轴心抗压强度；

σ_r——侧压应力值；

k——侧压效应系数，侧向压力较低时得到的值较大。

2. 混凝土的变形

混凝土的变形可分为两类：一类是在荷载作用下的受力变形，如单调短期加载的变形、荷载长期作用下的变形以及多次重复加载的变形；另一类与受力无关，称为体积变形，如混凝土收缩以及温度变化引起的变形。

(1) 混凝土在单调、短期加载作用下的变形性能

①混凝土的应力—应变曲线。

混凝土的应力—应变关系是混凝土力学性能的一个重要方面，它是研究钢筋混凝土构件的截面应力分布、建立承载能力和变形计算理论所必不可少的依据。特别是近代采用计算机对钢筋混凝土结构进行非线性分析时，混凝土的应力—应变关系已成了数学物理模型研究的重要依据。

一般取棱柱体试件来测试混凝土的应力—应变曲线。在试验时，需使用刚度较大的试验机，或者在试验中用控制应变速度的特殊装置以等应变速度加载，或者在普通压力机上用高强弹簧(或油压千斤顶)与试件共同受压。测得的混凝土试件受压时典型的应力—应变曲线如图 1-13 所示。

完整的混凝土轴心受压应力—应变曲线由上升段 OC、下降段 CD 和收敛段 DE 三个阶段组成。

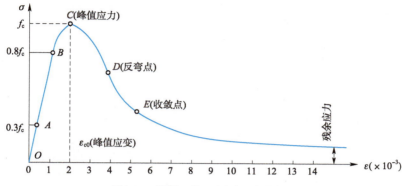

图1-13　混凝土受压时应力—应变曲线

上升段：当压应力 $\sigma<0.3f_c$ 左右时，应力应变关系接近直线变化（OA 段），混凝土处于弹性阶段工作。在压应力 $\sigma \geq 0.3f_c$ 后，随着压应力的增大，应力应变关系愈来愈偏离直线，任一点的应变 ε 可分为弹性应变 ε_{ce} 和塑性应变 ε_{cp} 两部分。原有的混凝土内部微裂缝发展，并在孔隙等薄弱处产生新的、个别的微裂缝。当应力达到 $0.8f_c$（B 点）左右后，混凝土塑性变形显著增大，内部裂缝不断延伸扩展，并有几条贯通，应力—应变曲线斜率急剧减小，如果不继续加载，裂缝也会发展，即内部裂缝处于非稳定发展阶段。当应力达到最大应力 $\sigma=f_c$ 时（C 点），应力—应变曲线的斜率已接近于水平，试件表面出现不连续的可见裂缝。

下降段：到达峰值应力点 C 后，混凝土的强度并不完全消失，随着应力 σ 的减少（卸载），应变仍然增加，曲线下降坡度较陡，混凝土表面裂缝逐渐贯通。

收敛段：在反弯点 D 之后，应力下降的速率减慢，趋于稳定的残余应力。表面纵向裂缝把混凝土棱柱体分成若干个小柱，外载力由裂缝处的摩擦咬合力及小柱体的残余强度所承受。

对于没有侧向约束的混凝土，收敛段没有实际意义，所以通常只注意混凝土轴心受压应力—应变曲线的上升段 OC 和下降段 CD，而最大应力值 f_c 及相应的应变值 ε_{c0} 以及 D 点的应变值（称极限压应变值 ε_{cu}）成为曲线的三个特征值。对于均匀受压的棱柱体试件，其压应力达到 f_c 时，混凝土就不能承受更大的压力，成为结构构件计算时混凝土强度的主要指标。与 f_c 相对应的应变 ε_{c0} 随混凝土强度等级而异，在 $(1.5 \sim 2.5) \times 10^{-3}$ 间变动，通常取其平均值为 $\varepsilon_{c0} = 2.0 \times 10^{-3}$。应力—应变曲线中相应于 D 的混凝土极限压应变 ε_{cu} 为 $(3.0 \sim 5.0) \times 10^{-3}$。

影响混凝土轴心受压应力应变曲线的主要因素是：

a. 混凝土强度。试验表明，混凝土强度对其应力—应变曲线有一定影响，如图 1-14 所示。对于上升段，混凝土强度的影响较小，与应力峰值点相应的应变大致为 0.002。随着混凝土强度增大，则峰值点处的应变也稍大些。对于下降段，混凝土强度则有较大影响。混凝土强度愈高，应力—应变曲线下降愈剧烈，延性就愈差（延性是材料承受变形的能力）。

b. 应变速率。应变速率小，峰值应力 f_c 降低，ε_{c0} 增大，下降段曲线坡度显著地减缓。

c. 测试技术和试验条件。应该采用等应变加载；如果采用等应力加载，则很难测得下降段曲线。试验机的刚度对下降段的影响很大；如果试验机的刚度不足，在加载过程中积蓄在压力机内的应变能立即释放所产生的压缩量，当其大于试件可能产生的变形时，就会形成压力机的回弹对试件的冲击，使试件突然破坏，以至于无法测出应力应变曲线的下降段。应变测量的标距也有影响。应变量测的标距愈大，曲线坡度陡；标距愈小，坡度愈缓。试件端部的约束条件对应力—应变曲线下降段也有影响。例如,在试件与支承垫板间垫以橡胶薄板并涂以油脂,则与正常条件情况相比,不仅强度降低,而且没有下降段。

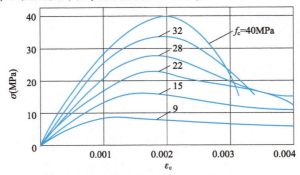

图1-14 强度等级不同的混凝土的应力—应变曲线

② 混凝土的弹性模量、变形模量。

在实际工程中,为了计算结构的变形,必须要求一个材料常数——弹性模量。而混凝土的应力—应变的比值并非一个常数,是随着混凝土的应力变化而变化,所以混凝土弹性模量的取值比钢材复杂得多。

混凝土的弹性模量有如下三种表示方法(图1-15)。

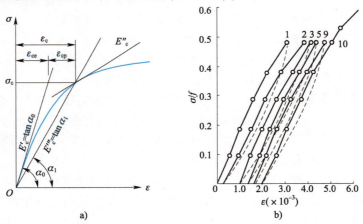

图1-15 混凝土变形模量的表示方法
a)一次加载应力—应变曲线;b)多次重复荷载应力—应变曲线

a. 原点弹性模量。

在混凝土受压应力—应变曲线图的原点作切线,该切线的斜率即为原点弹性模量。即

$$E'_c = \frac{\sigma}{\varepsilon_{ce}} = \tan\alpha_0 \tag{1-3}$$

b. 切线模量。

在混凝土应力—应变曲线上某一应力 σ_c 处作一切线,该切线的斜率即为相应于应力 σ_c 时的切线模量,即

$$E''_c = \frac{d\sigma}{d\varepsilon} \tag{1-4}$$

c. 变形模量。

连接混凝土应力—应变曲线的原点 O 及曲线上某一点 K 作割线,K 点混凝土应力为 σ_c

($=0.5f_c$),则该割线(OK)的斜率即变形模量,也称割线模量或弹塑性模量,即

$$E'''_c = \tan\alpha_1 = \frac{\sigma_c}{\varepsilon_c} \qquad (1-5)$$

在某一应力 σ_c 下,混凝土应变 ε_c 由弹性应变 ε_{ce} 和塑性应变 ε_{cp} 组成,于是混凝土的变形模量与原点弹性模量的关系为:

$$E'''_c = \frac{\sigma_c}{\varepsilon_c} = \frac{\varepsilon_{ce}}{\varepsilon_c} \cdot \frac{\sigma_c}{\varepsilon_{ce}} = \gamma E'_c \qquad (1-6)$$

式中:γ——弹性特征系数,即 $\gamma = \frac{\varepsilon_{ce}}{\varepsilon_c}$。

弹性特征系数 γ 与应力值有关:当 $\sigma_c \leq 0.5f_c$ 时,$\gamma = 0.8 \sim 0.9$;当 $\sigma_c = 0.9f_c$ 时,$\gamma = 0.4 \sim 0.8$。一般情况下,混凝土强度愈高,γ 值愈大。

弹性模量 E_c 值可用下述方法测定的:试验采用棱柱体试件,取应力上限为 $\sigma = 0.5f_c$,然后卸荷至零,再重复加载卸荷 5~10 次。由于混凝土的非弹性性质,每次卸荷至零时,变形不能完全恢复,存在残余变形。随着荷载重复次数的增加,残余变形逐渐减小,重复 5~10 次后,变形已基本趋于稳定,应力—应变曲线接近于直线(图 1-17),该直线的斜率即作为混凝土弹性模量的取值。因此,混凝土弹性模量是根据混凝土棱柱体标准试件,用标准的试验方法所得的规定压应力值与其对应的压应变值的比值。

根据不同等级混凝土弹性模量试验值的统计分析,给出 E_c 的经验公式为:

$$E_c = \frac{10^5}{2.2 + \left(\frac{34.74}{f_{cu,k}}\right)} \qquad (1-7)$$

式中:$f_{cu,k}$——混凝土立方体抗压强度标准值,N/mm^2。

混凝土的剪切弹性模量 G_c,一般可根据试验测得的混凝土弹性模量 E_c 和泊松比按式(1-8)确定:

$$G_c = \frac{E_c}{2(1+\mu_c)} \qquad (1-8)$$

式中:μ_c——混凝土的横向变形系数(泊松比)。

取 $\mu_c = 0.2$ 时,代入式(1-7)得到 $G_c = 0.4E_c$。

如表 1-7 所示为《混凝土结构设计规范》(GB 50010—2010)给出的混凝土弹性模量值。

混凝土弹性模量($\times 10^4 N/mm^2$)　　　　　　　　表 1-7

混凝土强度等级	C15	C20	C25	C30	C35	C40	C45	C50	C55	C60	C65	C70	C75	C80
E_c	2.20	2.55	2.80	3.00	3.15	3.25	3.35	3.45	3.55	3.60	3.65	3.70	3.75	3.80

(2)混凝土在长期荷载作用下的变形性能

在荷载的长期作用下,混凝土的变形将随时间而增加,亦即在应力不变的情况下,混凝土的应变随时间继续增长,这种现象被称为混凝土的徐变。混凝土徐变变形是在持久作用下混凝土结构随时间推移而增加的应变。

图 1-17 为尺寸 100mm×100mm×400mm 的棱柱体试件在相对湿度为 65%、温度为 20℃、承受 $\sigma = 0.5f_c$ 压应力并保持不变的情况下变形与时间的关系曲线。

从图 1-17 可见,24 个月的徐变变形 ε_{cc} 为加荷时立即产生的瞬时弹性变形 ε_{ci} 的 2~4 倍,前期徐变变形增长很快,6 个月可达到最终徐变变形的 70%~80%,以后徐变变形增长逐渐缓

慢。从图 1-16 还可以看到,由 B 点卸荷后,应变会恢复一部分,其中立即恢复的一部分应变被称混凝土瞬时恢复弹性应变 ε_{cir};再经过一段时间(约 20d)后才逐渐恢复的那部分应变被称为弹性后效 ε_{chr};最后剩下的不可恢复的应变称为残余应变 ε_{cp}。

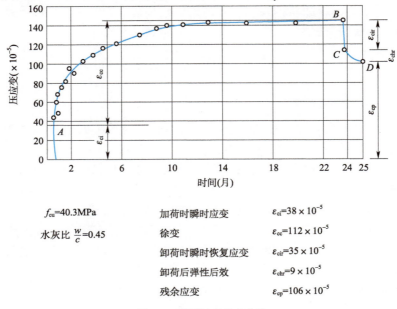

图 1-16 混凝土的徐变曲线

混凝土徐变的主要原因是在荷载长期作用下,混凝土凝胶体中的水分逐渐压出,水泥石逐渐黏性流动,微细空隙逐渐闭合,结晶体内部逐渐滑动,微细裂缝逐渐发生等各种因素的综合结果。

在进行混凝土徐变试验时,需注意,观测到的混凝土变形中还含有混凝土的收缩变形(见"混凝土的收缩"部分内容),故须用同批浇筑同样尺寸的试件在同样环境下进行收缩试验,这样,从量测的徐变试验试件总变形中扣除对比的收缩试验试件的变形,便可得到混凝土徐变变形。

影响混凝土徐变的因素很多,其主要因素有:

①混凝土在长期荷载作用下产生的应力大小。当压应力 $\sigma \leqslant 0.5 f_c$ 时,徐变大致与应力成正比,各条徐变曲线的间距差不多是相等的,被称为线性徐变。线性徐变在加荷初期增长很快,一般在两年左右趋于稳定,三年左右徐变即告基本终止。

当压应力 σ 在 $(0.5 \sim 0.8) f_c$ 时,徐变的增长较应力的增长为快,这种情况称为非线性徐变。

当压应力 $\sigma > 0.8 f_c$ 时,混凝土的非线性徐变往往是不收敛的。

②加荷时混凝土的龄期。加荷时混凝土龄期越短,则徐变越大。

③混凝土的组成成分和配合比。混凝土中集料本身没有徐变,它的存在约束了水泥胶体的流动,约束作用大小取决于集料的刚度(弹性模量)和集料所占的体积比。当集料的弹性模量小于 $7 \times 10^4 \text{N/mm}^2$ 时,随集料弹性模量的降低,徐变显著增大。集料的体积比越大,徐变越小。近年的试验表明,当集料含量由 60% 增大为 75% 时,徐变可减少 50%。混凝土的水灰比越小,徐变也越小,在常用的水灰比范围内(0.4 ~ 0.6),单位应力的徐变与水灰比呈近似直线关系。

④养护及使用条件下的温度与湿度。混凝土养护时温度越高,湿度越大,水泥水化作用就越充分,徐变就越小。混凝土的使用环境温度越高,徐变越大;环境的相对湿度越低,徐变也越大,因此高温干燥环境将使徐变显著增大。

当环境介质的温度和湿度保持不变时,混凝土内水分的逸失取决于构件的尺寸和体表比

(构件体积与表面积之比)。构件的尺寸越大,体表比越大,徐变就越小。

应当注意混凝土的徐变与塑性变形不同。塑性变形主要是混凝土中集料与水泥石结合面之间裂缝的扩展延伸引起的,只有当应力超过一定值(如 $0.3f_c$ 左右)才发生,而且是不可恢复的。混凝土徐变变形不仅可部分恢复,而且在较小的作用应力时就能发生。

(3)混凝土的收缩

在混凝土凝结和硬化的物理化学过程中,体积随时间推移而减小的现象称为收缩。混凝土在不受力情况下的这种自由变形,在受到外部或内部(钢筋)约束时,将产生混凝土拉应力,甚至使混凝土开裂。

混凝土的收缩是一种随时间而增长的变形(图1-17)。结硬初期收缩变形发展很快,两周可完成全部收缩的25%,一个月约可完成50%,三个月后增长缓慢,一般两年后趋于稳定,最终收缩值为 $(2~6) \times 10^{-4}$。

引起混凝土收缩的原因,主要是硬化初期水泥石在水化凝固结硬过程中产生的体积变化,后期主要是混凝土内自由水分蒸发而引起的干缩。

混凝土的组成和配比是影响混凝土收缩的重要因素。水泥的用量越多,水灰比较大,收缩就越大。集料的级配好、密度大、弹性模量高、粒径大能减小混凝土的收缩。这是因为集料对水泥石的收缩有制约作用,粗集料所占体积比越大、强度越高,对收缩的制约作用就越大。

由于干燥失水是引起收缩的重要原因,所以构件的养护条件、使用环境的温度与湿度以及凡是影响混凝土中水分保持的因素,都对混凝土的收缩有影响。高温湿养(蒸汽养护)可加快水化作用,减少混凝土中的自由水分,因而可使收缩减少(图1-17)。使用环境的温度越高,相对湿度越低,收缩就越大。

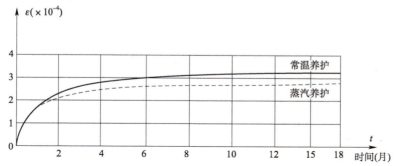

图1-17 混凝土的收缩变形与时间关系

混凝土的最终收缩量还和构件的体表比有关,因为这个比值决定着混凝土中水分蒸发的速度。体表比较小的构件如工字形、箱形薄壁构件,收缩量较大,而且发展也较快。

三 钢筋与混凝土之间的黏结

混凝土结构中钢筋能够受力是由于它与混凝土之间的黏结锚固作用,如果钢筋锚固失效,则结构可能丧失承载能力并由此引发垮塌等灾难性后果。所以结构设计中遵循"强节点、强锚固、强构造"原则,避免节点破坏先于构件破坏,以保证即使钢筋屈服也不会发生锚固破坏。

钢筋和混凝土能共同工作,除了二者具有相近的线膨胀系数外,更主要的是由于混凝土硬化后,钢筋与混凝土之间产生了良好的黏结力。为了保证钢筋不被从混凝土中拔出或压出,还要求钢筋有良好的锚固性。黏结和锚固是钢筋和混凝土形成整体、共同工作的基础。如图1-18所示。

钢筋混凝土受力后会沿钢筋和混凝土接触面上产生剪应力,通常把这种剪应力称为黏结应力。根据受力性质的不同,钢筋与混凝土之间的黏结应力可分为裂缝间的局部黏结应力和钢筋端部的锚固黏结应力两种。

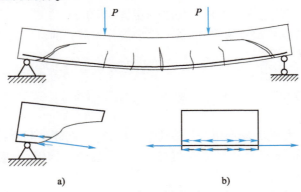

图 1-18 钢筋和混凝土之间的黏结
a) 锚固黏结;b) 缝间局部黏结

(1) 裂缝间的局部黏结应力

在相邻两个开裂截面之间产生的,钢筋应力的变化受到黏结应力的影响,黏结应力使相邻两个裂缝之间的混凝土参与受拉即为裂缝间的局部黏结应力。局部黏结应力的丧失会影响构件刚度的降低和裂缝的开展。

(2) 钢筋端部的锚固黏结应力

钢筋伸进支座或在连续梁中承担负弯矩的上部钢筋在跨中截断时,需要延伸一段长度,即锚固长度。要使钢筋承受所需的拉力,就要求受拉钢筋有足够的锚固长度以积累足够的黏结力;否则,将发生锚固破坏。

1. 黏结力的组成

钢筋与混凝土的黏结作用(图 1-19)主要由以下三部分所组成:

(1) 钢筋与混凝土接触面上的化学吸附作用力(胶结力)。

(2) 混凝土收缩握裹钢筋而产生的摩阻力。

(3) 钢筋表面凹凸不平与混凝土之间产生的机械咬合作用力(咬合力)。

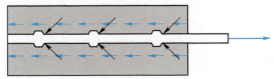

图 1-19 钢筋和混凝土之间的黏结应力

光面钢筋黏结力主要来自胶结力和摩阻力,而变形钢筋的黏结力主要来自机械咬合作用。二者的差别,可以用钉入木料中的普通钉和螺丝钉的差别来理解。

试验表明,带肋钢筋与混凝土的黏结强度比光圆钢筋高得多。我国试验的结果表明,螺纹钢筋的黏结强度为 $2.5 \sim 6.0 \mathrm{MPa}$,光圆钢筋则为 $1.5 \sim 3.5 \mathrm{MPa}$。

2. 影响黏结强度的因素

影响钢筋与混凝土之间黏结强度的因素很多,其中主要为混凝土强度、浇筑位置、保护层厚度及钢筋净间距等。

(1) 光圆钢筋及变形钢筋的黏结强度均随混凝土强度等级的提高而提高,但并不与立方体

强度 f_{cu} 成正比。试验表明,当其他条件基本相同时,黏结强度与混凝土抗拉强度 f_t 近乎成正比。

(2) 黏结强度与浇筑混凝土时钢筋所处的位置有明显关系。混凝土浇筑后有下沉及泌水现象。处于水平位置的钢筋,混凝土直接位于其下面,由于水分、气泡的逸出及混凝土的下沉,并不与钢筋紧密接触,形成了间隙层,削弱了钢筋与混凝土间的黏结作用,使水平位置钢筋比竖位钢筋的黏结强度显著降低。

(3) 钢筋混凝土构件截面上有多根钢筋并列一排时,钢筋之间的净距对黏结强度有重要影响。净距不足,钢筋外围混凝土将会发生在钢筋位置水平面上贯穿整个梁宽的劈裂裂缝,梁截面上一排钢筋的根数越多、净距越小,黏结强度降低就越多。

(4) 混凝土保护层厚度对黏结强度有着重要影响。特别是采用带肋钢筋时,若混凝土保护层太薄时,则容易发生沿纵向钢筋方向的劈裂裂缝,并使黏结强度显著降低。

(5) 带肋钢筋与混凝土的黏结强度比用光圆钢筋时大。试验表明,带肋钢筋与混凝土之间的黏结力比用光圆钢筋时高出 2~3 倍。因而,带肋钢筋所需的锚固长度比光圆钢筋短。试验还表明,牙纹钢筋与混凝土之间的黏结强度比用螺纹钢筋时的黏结强度低 10%~15%。

3. 保证黏结的构造措施

《混凝土结构设计规范》采用不进行黏结计算,用构造措施来保证混凝土与钢筋黏结。保证黏结的构造措施有如下几个方面:

(1) 保证最小搭接长度和锚固长度。
(2) 满足钢筋最小间距和混凝土保护层最小厚度的要求。
(3) 钢筋的搭接接头范围内应加密箍筋。
(4) 钢筋端部应设置弯钩。
(5) 在浇筑大深度混凝土构件时,应分层浇筑或二次浇捣。
(6) 一般除重锈钢筋外,可不必除锈。

4. 钢筋的锚固

钢筋基本锚固长度,取决于工程抗震等级、钢筋强度及混凝土抗拉强度、钢筋直径及外形。规范锚固设计采用查表方法,按 $5d$ 差间隔取整的初级做法并不适应钢筋外形和结构形式的日趋多样化。

锚固长度增加,锚固强度随之增加,当锚固抗力等于钢筋屈服抗力时,相应的锚固长度为临界锚固长度,这是保证受力钢筋屈服也不会发生锚固破坏的最小长度,是钢筋承载受力的基本保证;当锚固抗力等于钢筋拉断力时,相应的锚固长度为极限锚固长度。超过极限锚固长度的锚固段在锚固抗力中将不起作用,所以锚固长度并非是"多多益善",过大的锚固长度是多余和浪费。规范规定的锚固长度应大于临界锚固长度而小于极限锚固长度。

用非线性有限元分析,可以推导不同强度钢筋在不同强度等级混凝土中的临界锚固长度和极限锚固长度,根据系统研究成果和可靠度计算,《混凝土结构设计规范》(GB 50010—2010)给出了受拉钢筋的锚固长度 l_a 计算公式。非抗震受拉钢筋锚固用长度 l_a 表示,抗震受拉钢筋锚固长度 l_a 表示:

$$l_a = a \frac{f_y}{f_t} d \tag{1-9}$$

式中:l_a——受拉钢筋的锚固长度;
f_y——钢筋抗拉强度设计值;

f_t——混凝土轴心抗拉强度设计值,当混凝土强度等级高于 C40 时,按 C40 取值;
d——钢筋的公称直径;
a——锚固钢筋的外形系数。

【任务解答】

任务二 结构设计的基本知识

【学习目标】
1. 了解结构上的作用、作用效应、结构抗力;
2. 掌握结构的功能要求、结构功能的极限状态;
3. 了解概率极限状态设计方法,理解可靠度、可靠指标的概念;
4. 掌握概率极限状态设计实用表达式;
5. 掌握荷载各种代表值和强度值的取法,并能够根据不同设计要求进行相应的荷载组合。

【任务概况】
今在一办公楼无梁楼面上有一条活动的双面抹灰板条隔墙,高 3.60m,楼面厚 150mm 的钢筋混凝土无梁楼板及 20mm 厚的抹灰层,楼面计算跨度为 4.2m。已知钢筋混凝土的自重为 25kN/m³,抹灰砂浆自重 20kN/m³,双面抹灰板条隔墙自重 0.9kN/m²,楼面均布活荷载标准值为 2.0kN/m²,抹灰板条隔墙自重给予楼面的活荷载附加值为 1.08kN/m。要求:计算该楼面传给支撑墙面的荷载设计值(按承载能力极限状态和正常使用极限状态)。

请在学完以下知识后,找出答案。

  概率极限状态设计法的基本概念

1. 结构可靠性与可靠度

结构设计的目的,就是要使所设计的结构,在规定的时间内能够在具有足够可靠性的前提下,完成全部预定功能的要求。结构的功能是由其使用要求决定的,具体有如下四个方面:

(1)结构应能承受在正常施工和正常使用期间可能出现的各种荷载、外加变形、约束变形等的作用。

(2)结构在正常使用条件下具有良好的工作性能,例如,不发生影响正常使用的过大变形或局部损坏。

(3)结构在正常使用和正常维护的条件下,在规定的时间内,具有足够的耐久性,例如,不发生开展过大的裂缝宽度,不发生由于混凝土保护层碳化导致钢筋的锈蚀。

(4)在偶然荷载(如地震、强风)作用下或偶然事件(如爆炸)发生时和发生后,结构仍能保持整体稳定性,不发生倒塌。

上述要求中,第(1)、(4)两项通常是指结构的承载能力和稳定性,关系到人身安全,称为结构的安全性;第(2)项指结构的适用性;第(3)项指结构的耐久性。结构的安全性、适用性和耐久性这三者总称为结构的可靠性。可靠性的数量描述一般用可靠度,安全性的数量描述则用安全度。由此可见,结构可靠度是结构可完成"预定功能"的概率度量,它是建立在统计数学的基础上经计算分析确定,从而给结构的可靠性一个定量的描述。因此,可靠度比安全度的含义更广泛,更能反映结构的可靠程度。

根据当前国际上的一致看法,结构可靠度定义是指:结构在规定的时间内,在规定的条件下,完成预定功能的概率。这里所说的"规定时间"是指对结构进行可靠度分析时,结合结构使用期,考虑各种基本变量与时间的关系所取用的基准时间参数;"规定的条件"是指结构正常设计、正常施工和正常使用的条件,即不考虑人为过失的影响;"预定功能"是指上面提到的四项基本功能。

可靠度概念中的"规定时间"即设计基准期,是在进行结构可靠性分析时,考虑持久设计状况下各项基本变量与时间关系所采用的基准时间参数。可参考结构使用寿命的要求适当选定,但不能将设计基准期简单地理解为结构的使用寿命,两者是有联系的,然而又不完全等同。当结构的使用年限超过设计基准期时,表明它的失效概率可能会增大,不能保证其目标可靠指标,但不等于结构丧失所要求的功能甚至报废。例如,桥梁结构的设计基准期定义为 $T=100$ 年,但到了 100 年时不一定该桥梁就不能使用了。一般来说,使用寿命长,设计基准期也可以长一些,使用寿命短,设计基准期应短一些,通常设计基准期应该小于寿命期,而不应该大于寿命期。影响结构可靠度的设计基本变量如车辆作用、人群作用、风作用、温度作用等都是随时间变化的,设计变量取值大小与时间长短有关,从而直接影响结构可靠度。因此,必须参照结构的预期寿命、维护能力和措施等规定结构的设计基准期。目前,国际上对设计基准期的取值尚不统一,但多取 50~120 年。根据我国公路桥梁的使用现状和以往的设计经验,我国公路桥梁结构的设计基准期统一取为 100 年,属于适中时域。

2. 结构极限状态

结构在使用期间的工作情况,称为结构的工作状态。

结构能够满足各项功能要求而良好地工作,称为结构"可靠";反之,则称结构"失效"。结构工作状态是处于可靠还是失效的标志用"极限状态"来衡量。

当整个结构或结构的一部分超过某一特定状态而不能满足设计规定的某一功能要求时,则此特定状态称为该功能的极限状态。对于结构的各种极限状态,均应规定明确的标志和限值。

国际上一般将结构的极限状态分为如下三类:

(1)承载能力极限状态

这种极限状态对应于结构或结构构件达到最大承载能力或不适于继续承载的变形或变位的状态。当结构或构件出现下列状态之一时,即认为超过了承载能力极限状态:

①整个结构或结构的一部分作为刚体失去平衡(如滑动、倾覆等)。

②结构构件或连接处因超过材料强度而破坏(包括疲劳破坏),或因过度的塑性变形而不能继续承载。

③结构转变成机动体系。

④结构或结构构件丧失稳定(如柱的压屈失稳等)。

(2) 正常使用极限状态

这种极限状态对应于结构或结构构件达到正常使用或耐久性能的某项限值的状态。当结构或结构构件出现下列状态之一时，即认为超过了正常使用极限状态：

①影响正常使用或外观的变形。

②影响正常使用或耐久性能的局部损坏。

③影响正常使用的振动。

④影响正常使用的其他特定状态。

(3) "破坏—安全"极限状态

这种极限状态又称为条件极限状态。超过这种极限状态而导致的破坏，是指允许结构物发生局部损坏，而对已发生局部破坏结构的其余部分，应该具有适当的可靠度，能继续承受降低了的设计荷载。其指导思想是：当偶然事件发生后，要求结构仍保持完整无损是不现实的，也是没有必要和不经济的，故只能要求结构不致因此而造成更严重的损失。所以这种设计理论可应用于桥梁抗震和连拱推力墩的计算等方面。

欧洲混凝土委员会、国际预应力混凝土协会和国际标准化组织等国际组织，一般将极限状态分为两类：承载能力极限状态和正常使用极限状态。加拿大曾提出三种极限状态，即破坏极限状态、损伤极限状态和使用极限状态。其中损伤极限状态是由混凝土的裂缝或碎裂而引起的损坏，因其对人身安全危险性较小，可允许比破坏极限状态具有较大一些的失效概率。我国的《工程结构可靠度设计统一标准》(GB 50153—2008) 将极限状态划分为承载能力极限状态和正常使用极限状态两类。同时提出，随着技术进步和科学发展，在工程结构上还应考虑"连续倒塌极限状态"，即万一个别构件局部破坏，整个结构仍能在一定时间内保持必需的整体稳定性，防止发生连续倒塌。广义地说，这是为了避免出现与破坏原因不相称的结构破坏。这种状态主要是针对偶然事件，如撞击、爆炸等而言的。

目前，结构可靠度设计一般是将赋予概率意义的极限状态方程转化为极限状态设计表达式，此类设计均可称为概率极限状态设计。工程结构设计中应用概率意义上的可靠度、可靠概率或可靠指标来衡量结构的安全程度，表明工程结构设计思想和设计方法产生了质的飞跃。实际上，结构的设计不可能是绝对可靠的，至多是说它的不可靠概率或失效概率相当小，关键是结构设计的失效概率小到何种程度人们才能比较放心地接受。以往采用的容许应力和定值极限状态等传统设计方法实际上也具有一定的设计风险，只是其失效概率未像现在这样被人们明确地揭示出来。

工程结构的可靠度通常受各种作用效应、材料性能、结构几何参数、计算模式准确程度等诸多因素的影响。在进行结构可靠度分析和设计时，应针对所要求的结构各种功能，把这些有关因素作为基本变量 $X_1, X_2, \cdots, X_n$ 来考虑，由基本变量组成的描述结构功能的函数 $Z = g(X_1, X_2, \cdots, X_n)$ 称为结构功能函数，结构功能函数是用来描述结构完成功能状况的、以基本变量为自变量的函数。实用上，也可以将若干基本变量组合成综合变量，例如将作用效应方面的基本变量组合成综合作用效应 S，抗力方面的基本变量组合成综合抗力 R，从而结构的功能函数为 $Z = R - S$。

如果对功能函数 $Z = R - S$ 作一次观测，可能出现如下三种情况：

$Z = R - S > 0$　　结构处于可靠状态；

$Z = R - S < 0$　　结构已失效或破坏；

$Z = R - S = 0$　　结构处于极限状态。

结构可靠度设计的目的,就是要使结构处于可靠状态,至少也应处于极限状态。用功能函数表示时应符合以下要求:

$$Z = g(X_1, X_2, \cdots, X_n) \geq 0$$

或

$$Z = g(R, S) = R - S \geq 0$$

3. 作用、作用效应与结构抗力

（1）作用及作用效应

作用是指使结构产生内力、变形、应力和应变的所有原因,它分为直接作用和间接作用两种。直接作用是指施加在结构上的集中力或分布力如汽车、人群、结构自重等,间接作用是指引起结构外加变形和约束变形的原因,如地震、基础不均匀沉降、混凝土收缩、温度变化等。由于使结构产生效应的原因,多数可归结为直接作用在结构上的力（集中力和分布力）,因此习惯上都将结构上的各种作用称为荷载。

作用效应 S 是指结构对所受作用的反应,例如由于作用产生的结构或构件内力（如轴力、弯矩、剪力、扭矩等）和变形（挠度、转角等）。

（2）荷载的分类

结构上的作用按其随时间的变异性和出现的可能性可分为三类:

①永久作用（恒载）。永久作用是指在结构使用期间,其量值不随时间变化或其变化值与平均值比较可忽略不计的作用。

②可变作用。可变作用是指在结构使用期间,其量值随时间变化,且其变化值与平均值相比较不可忽略的作用。

③偶然作用。偶然作用是指在结构使用期间出现的概率很小,一旦出现,其值很大且持续时间很短的作用。

以下为各行业设计规范中对荷载分类的表述:

①铁路设计规范中荷载分类（表1-8）。

《铁路桥涵设计基本规范》（TB 10002.1—2005）中荷载分类　　　　表1-8

荷载分类		荷载名称	荷载分类	荷载名称
主力	恒载	结构及附属设备自重	附加力	制动力或牵引力
		预加力		风力
		混凝土收缩和徐变影响		流水压力
		土压力		冰压力
		静水压力及水浮力		温度变化的作用
		基础变位的影响		冻胀力
	活载	列车竖向静活载	特殊荷载	列车脱轨荷载
		列车竖向动力作用		长钢轨断轨力
		长钢轨纵向水平力		汽车撞击力
		离心力		施工临时荷载
		横向摇摆力		地震力
		活载土压力		船或排筏撞击力
		人行道人行荷载		

②房屋建筑规范中荷载分类。

《建筑结构荷载规范》(GB 50009—2012)中荷载分类:

a.永久荷载,例如结构自重、土压力、预应力等。注:自重是指材料自身重量产生的荷载(重力)。

b.可变荷载,例如楼面活荷载、屋面活荷载和积灰荷载、吊车荷载、风荷载、雪荷载、温度变化等。

c.偶然荷载,例如爆炸力、撞击力等。

③公路桥涵设计规范中荷载分类(表1-9)。

《公路桥涵设计通用规范》(JTG D60—2004)中荷载分类　　表1-9

编号	作用分类	作用名称
1	永久作用(恒载)	结构重力(包括结构附加重力)
2		预加力
3		土的重力
4		土侧压力
5		混凝土收缩及徐变作用
6		水的浮力
7		基础变位作用
8	可变作用	汽车荷载
9		汽车冲击力
10		汽车离心力
11		汽车引起的土侧压力
12		人群荷载
13		汽车制动力
14		风力
15		流水压力
16		冰压力
17		温度(均匀温度和梯度温度)作用
18		支座摩阻力
19	偶然作用	地震作用
20		船舶或漂流物的撞击作用
21		汽车撞击作用

(3)结构抗力

结构抗力 R 是指结构构件承受内力和变形的能力,如构件的承载能力和刚度等,它是结构材料性能和几何参数等的函数。

4.结构的可靠指标与失效概率

所有结构或结构构件中都存在着对立的两个方面:作用效应 S 和结构抗力 R。

作用效应 S 和结构抗力 R 都是随机变量,因此,结构不满足或满足其功能要求的事件也是随机的。一般把出现前一事件的概率称为结构的失效概率,记为 P_f;把出现后一事件的概率称为可靠概率,记为 P_s。由概率论可知,这二者是互补的,即 $P_f + P_s = 1.0$。

β越大，P_f越小，结构越可靠（表1-10）。所以β和失效概率一样可作为衡量结构可靠度的一个指标，称β为可靠度指标，且β与P_f一一对应。

可靠指标β与失效概率P_f的对应关系　　　　表1-10

β	4.2	3.7	3.2	2.7
P_f	3.5×10^{-3}	6.9×10^{-4}	1.1×10^{-4}	1.3×10^{-5}

结构设计必须达到的指标，在确定结构的可靠指标β时，应该使结构的失效概率降低到人们可以接受的程度，做到既安全可靠又经济合理，称为目标可靠指标。它主要是采用"校准法"并结合工程经验和经济优化原则加以确定的。所谓"校准法"就是根据各基本变量的统计参数和概率分布类型，运用可靠度的计算方法，揭示以往规范隐含的可靠度，以此作为确定目标可靠指标的依据。这种方法在总体上承认了以往规范的设计经验和可靠度水平，同时也考虑了渊源于客观实际的调查统计分析资料，无疑是比较现实和稳妥的。

工程结构根据承载能力极限状态设计时为使结构具有合理的安全性，应根据结构破坏所产生后果的严重程度，按表1-11划分的三个安全等级进行设计。《工程结构可靠性设计统一标准》（GB 50153—2008）根据结构的安全等级和破坏类型，在对有代表性的构件进行可靠度分析的基础上，规定了按承载能力极限状态设计时的目标可靠指标β值（表1-12）。

建筑物的安全等级　　　　表1-11

安全等级	破坏后果	建筑物类型	结构重要性系数γ_0
一级	很严重	重要房屋	1.1
二级	严重	一般房屋	1.0
三级	不严重	次要房屋	0.9

结构构件的目标可靠指标　　　　表1-12

构件破坏类型 \ 结构安全等级	一级	二级	三级
延性破坏	3.7	3.2	2.7
脆性破坏	4.2	3.7	3.2

表中延性破坏系指结构构件有明显变形或其他预兆的破坏；脆性破坏系指结构构件无明显变形或其他预兆的破坏。

三 概率极限状态法的设计表达式

1. 荷载代表值

结构或结构构件设计时，针对不同设计目的采用各种作用的代表值。对永久荷载，应用标准值作为代表值；对可变荷载，应根据设计要求采用标准值、组合值、准永久值或频遇值等作为代表值；对偶然荷载，应按建筑结构使用的特点确定其代表值。

(1) 荷载的标准值

荷载的标准值是结构或结构构件设计时，采用各种荷载的基本代表值。其值可根据荷载在设计基准期内最大概率分布的某一分值确定；若无充分资料时，可根据工程经验，经分析后确定。

永久荷载采用标准值作为代表值。永久荷载的标准值,对结构自重,可按结构构件的设计尺寸与材料单位体积的自重(重力密度)计算确定。例如钢筋混凝土梁,截面尺寸为 200mm × 400mm,钢筋混凝土的重力密度为 25kN/m³,那么梁所受到的重力荷载就是:$q = 0.2 \times 0.4 \times 25 = 2.0(kN/m)$。

可变荷载标准值是根据观测资料和试验数据,并考虑工程实践经验而确定,可由《建筑结构荷载规范》(GB 50009—2012)(以下简称《荷载规范》)规定确定。

(2)可变荷载组合值

可变荷载组合值是指有两种或两种以上可变荷载同时作用于结构上时,因同时达到其标准值的可能性极小。此时,除其中产生最大效应的荷载(主导荷载)仍取其标准值外,其他伴随的可变荷载均采用小于其标准值的组合值为荷载代表值。这种调整后的可变荷载代表值,称为可变荷载代表值。可变作用组合值为可变作用标准值乘以组合值系数,《荷载规范》将组合值系数用 ψ_c 表示。

(3)可变荷载频遇值

在设计基准期间,可变作用超越的总时间为规定的较小比率或超越次数为规定次数的作用值。它是指结构上出现较频繁的且量值较大的荷载作用取值。

正常使用极限状态按短期效应(频遇)组合设计时,采用频遇值为可变作用的代表值。可变作用频遇值为可变作用标准值乘以频遇值系数,《荷载规范》将频遇值系数用 ψ_f 表示。

(4)可变荷载准永久值

在设计基准期间,可变作用超越的总时间约为设计基准期一半的作用值。它是对在结构上经常出现的且量值较小的荷载作用取值,结构在正常使用极限状态按长期效应(准永久)组合设计时采用准永久值作为可变作用的代表值,实际上是考虑可变作用的长期作用效应而对标准值的一种折减。可变作用准永久值为可变作用标准值乘以准永久系数,《荷载规范》将准永久值用系数 ψ_q 表示。

2. 分项系数

分项系数是按照目标可靠指标 β 值,并考虑工程经验优选确定后,将其隐含在设计表达式中,分项系数已起着考虑目标可靠指标的等价作用。

实用设计表达式是多系数的极限状态表达式,包括承载力分项系数和荷载分项系数等,其来源与目标可靠指标 $[\beta]$ 有关,并都由 $[\beta]$ 值度量的,这样可保证结构的各个构件之间的可靠度水平或各种结构之间的可靠度水平基本上比较一致。

(1)结构重要性系数 γ_0

结构构件的重要性系数,与安全等级对应:

①对安全等级为一级或设计使用年限为 100 年及以上的结构构件,不应小于 1.1。
②对安全等级为二级或设计使用年限为 50 年的结构构件,不应小于 1.0。
③对安全等级为三级或设计使用年限为 5 年及以下的结构构件,不应小于 0.9。
④在抗震设计中,不考虑结构构件的重要性系数。

(2)荷载分项系数

荷载分项系数是在设计计算中,反映了荷载的不确定性并与结构可靠度概念相关联的一个数值。对永久荷载和可变荷载,规定了不同的分项系数。

永久荷载分项系数 γ_G:当永久荷载对结构产生的效应对结构不利时,对由可变荷载效应

控制的组合取 $\gamma_G = 1.2$;对由永久荷载效应控制的组合,取 $\gamma_G = 1.35$。当产生的效应对结构有利时,一般情况下取 $\gamma_G = 1.0$;当验算倾覆、滑移或漂浮时,取 $\gamma_G = 0.9$;对其余某些特殊情况,应按有关规范采用。

可变荷载分项系数 γ_Q:一般情况下取 $\gamma_Q = 1.4$;但对工业房屋的楼面结构,当其活荷载标准值为 $4kN/m^2$ 时,考虑到活荷载数值已较大,则取 $\gamma_Q = 1.3$。

荷载标准值乘以相应的荷载分项系数后即为荷载设计值。在承载能力极限状态设计时,可用荷载设计值进行内力计算和截面设计;也可以用荷载标准值计算内力,然后将所得内力乘以分项系数后进行截面设计。

(3) 材料分项系数

材料强度分项系数是在按承载能力极限状态设计时,按可靠度指标 $[\beta]$ 在计算中所采用的系数值。在我国规范中,通过 $[\beta]$ 值及材料、几何参数、荷载基本参数,求出各种结构用的材料分项系数。对混凝土,材料分项系数取 $\gamma_c = 1.4$;对 HRB335、HRB400、RRB400 级钢筋,取 $\gamma_s = 1.1$。

3. 概率极限状态法的计算表达式

建筑结构设计应根据使用过程中在结构上可能同时出现的荷载,按承载能力极限状态和正常使用极限状态分别进行荷载(效应)组合,并应取各自的最不利的效应组合进行设计。

(1) 承载能力极限状态

对于承载能力极限状态,应按荷载效应的基本组合或偶然组合进荷载(效应)组合,并应采用下列设计表达式进行设计:

$$\gamma_o S \leq R \tag{1-10}$$

式中:γ_o——结构重要性系数;
　　　S——荷载效应组合的设计值;
　　　R——结构构件抗力的设计值,应按各有关建筑结构设计规范的规定确定。

① 由可变荷载效应控制的组合:

$$S = \gamma_G S_{GK} + \gamma_{Q1} S_{Q1k} + \sum_{i=2}^{n} \gamma_{Qi} \varphi_{ci} S_{Qik} \tag{1-11}$$

式中:γ_G——永久荷载的分项系数;
　　　γ_{Qi}——第 i 个可变荷载的分项系数,其中 γ_{Q1} 为可变荷载 Q_1 的分项系数;
　　　S_{GK}——按永久荷载标准值 S_G 计算的荷载效应值;
　　　S_{Qik}——按可变荷载标准值 Q_{ik} 计算的荷载效应值,其中 S_{Qik} 为诸可变荷载效应中起控制作用者;
　　　φ_{ci}——可变荷载 Q_i 的组合值系数;
　　　n——参与组合的可变荷载数。

② 由永久荷载效应控制的组合:

$$S = \gamma_G S_{GK} + \sum_{i=1}^{n} \gamma_{Qi} \varphi_{ci} S_{Qik} \tag{1-12}$$

(2) 正常使用极限状态

按正常使用极限状态设计,主要是验算构件的变形和抗裂度或裂缝宽度。因其危害程度不及承载力引起的结构破坏造成的损失那么大,所以适当降低对可靠度的要求,只取荷载标准值,不需乘分项系数,也不考虑结构重要性系数。采用的极限状态设计表达式为:

$$S \leq C$$

式中：S——正常使用极限状态的作用(或荷载)效应组合设计值；

　　　C——结构构件达到正常使用要求所规定的限值，例如变形、裂缝宽度和截面抗裂的应力限值。

对于标准组合，荷载效应组合的设计值 S 应按式(1-13)采用：

$$S = S_{GK} + S_{Q1k} + \sum_{i=2}^{n} \varphi_{ci} S_{Qik} \tag{1-13}$$

对于频偶组合，荷载效应组合的设计值 S 应按式(1-14)采用：

$$S = S_{GK} + \varphi_{f1} S_{Q1k} + \sum_{i=2}^{n} \varphi_{qi} S_{Qik} \tag{1-14}$$

对于准永久组合，荷载效应组合的设计值 S 可按式(1-15)采用：

$$S = S_{GK} + \sum_{i=2}^{n} \varphi_{qi} S_{Qik} \tag{1-15}$$

【例1-1】　一简支梁，计算跨度为6m，作用有均布荷载，恒载标准值 $g_k = 3\text{kN/m}$，分项系数 $\gamma_G = 1.2(1.35)$，活荷载标准值 $q_k = 6\text{kN/m}$，分布系数 $\gamma_Q = 1.4(1.0)$，分别计算梁跨中截面弯矩的基本组合、标准组合、频遇组合和准永久组合(活载频遇系数0.6；准永久系数0.4)，安全等级为二级，求简支梁跨中截面荷载效应设计值 M。

解：

基本效应组合(可变荷载控制)：

$$S(M) = \frac{1}{8}(\gamma_G g_k + \gamma_Q q_k) l^2 = \frac{1}{8}(1.2 \times 3 + 1.4 \times 6) \times 6^2 = 54\text{kN} \cdot \text{m}$$

基本效应组合(永久荷载控制)：

$$S(M) = \frac{1}{8}(\gamma_G g_k + \gamma_Q q_k) l^2 = \frac{1}{8}(1.35 \times 3 + 1.0 \times 6) \times 6^2 = 45.23\text{kN} \cdot \text{m}$$

荷载标准组合：

$$S(M) = \frac{1}{8}(g_k + q_k) l^2 = \frac{1}{8}(3 + 6) \times 6^2 = 40.5\text{kN} \cdot \text{m}$$

荷载的频遇组合：

$$S(M) = \frac{1}{8}(g_k + \psi_{f1} q_k) l^2 = \frac{1}{8}(3 + 0.6 \times 6) \times 6^2 = 29.7\text{kN} \cdot \text{m}$$

荷载的准永久组合：

$$S(M) = \frac{1}{8}(g_k + \psi_{qi} q_k) l^2 = \frac{1}{8}(3 + 0.4 \times 6) \times 6^2 = 24.3\text{kN} \cdot \text{m}$$

【任务解答】

学习项目二　单筋矩形截面梁板检算

任务一　梁板的构造知识

【学习目标】
1. 了解梁板的截面形式；
2. 熟悉梁板的钢筋种类；
3. 掌握梁内各种钢筋的作用及要求；
4. 熟悉混凝土保护层及要求。

【任务概况】
如图 1-20 所示，请问此截面有什么钢筋？一般情况下梁还有什么钢筋？这些钢筋有什么作用？

请在学习完以下知识后，给出答案。

钢筋混凝土梁和板是典型的受弯构件，在桥梁工程中应用很广泛，例如中小跨径梁或板式桥上部结构中承重的梁和板、人行道板、行车道板等均为受弯构件。

在荷载作用下，受弯构件的截面将承受弯矩 M 和剪力 V 的作用。因此，设计受弯构件时，一般应满足以下两方面要求：

(1) 由于弯矩 M 的作用，构件可能沿某个正截面（与梁的纵轴线或板的中间正交的面）发生破坏，故需要进行正截面承载力计算。

(2) 由于弯矩 M 和剪力 V 的共同作用，构件可能沿剪压区段内的某个斜截面发生破坏，故还需进行斜截面承载力计算。

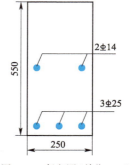

图 1-20　任务图（单位：mm）

1. 截面形式和尺寸

钢筋混凝土受弯构件常用的截面形式有矩形、T 形和箱形等（图 1-21）。

钢筋混凝土板可分为整体现浇板和预制板。在工地现场搭支架、立模板、配置钢筋，然后就地浇筑混凝土的板称为整体现浇板。其截面宽度较大[图 1-21a)]，但可取单位宽度（例如以 1m 为计算单位）的矩形截面进行计算。预制板是在预制现场或工地预先制作好的板。预制时板宽度一般控制在 $b=1\sim1.5m$。由于施工条件好，不仅能采用矩形实心板[图 1-21b)]，还能采用截面形状较复杂的矩形空心板，以减轻自重。

钢筋混凝土梁根据使用要求和施工条件可以采用现浇或预制方式制造。梁的截面高度 h 与梁的跨度 l 及所受荷载大小有关。一般情况下，独立简支梁，其截面高度 h 与其跨度 l 的比值（称为高跨比）$h/l=1/12\sim1/8$；独立的悬臂梁 h/l 为 1/6 左右；多跨连续梁 $h/l=1/18\sim1/12$。梁的截面宽度 b 与截面高度 h 的比值 b/h，对于矩形截面一般为 $1/2.5\sim1/2$，对于 T 形截面一般为 $1/3\sim1/2.5$。为了使梁截面尺寸有统一的标准，便于施工，对常见的矩形截面[图 1-21d)]和 T 形截面[图 1-21e)]梁截面尺寸可按下述建议选用。

(1)梁的截面宽度 b 常取 120mm、150mm、180mm、200mm、220mm 和 250mm,其后按 50mm 一级增加(当梁高 $h \leq 800$mm 时)或 100mm 一级增加(当梁高 $h > 800$mm 时)。

矩形截面梁的高宽比 h/b 一般可取 $2.0 \sim 2.5$。

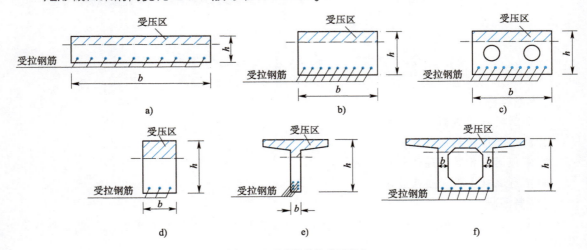

图1-21 受弯构件的截面形式
a)整体式板;b)装配式实心板;c)装配式空心板;d)矩形梁;e)T形梁;f)箱形梁

(2)梁的截面高度 h 一般为 250mm、300mm、…、1000mm 等尺寸,当 $h \leq 800$mm 时以 50mm 为模数,当 $h > 800$mm 时以 100mm 为模数。

板的厚度 h 由其控制截面上最大的弯矩和板的刚度要求决定,但是为了保证施工质量及耐久性要求,现浇板的应满足各行业的要求。板厚一般以 10mm 为级差。

2. 梁(板)的钢筋构造

钢筋混凝土梁(板)正截面承受弯矩作用时,中和轴以上受压,中和轴以下受拉,故在梁(板)的受拉区配置纵向受拉钢筋,此种构件称为单筋受弯构件;如果同时在截面受压区也配置受力钢筋,则此种构件称为双筋受弯构件。

混凝土保护层是具有足够厚度的混凝土层,取钢筋边缘至构件截面表面之间的最短距离。设置保护层是为了保护钢筋不直接受到大气的侵蚀和其他环境因素作用;在火灾等情况下,使钢筋的温度上升缓慢;保证钢筋和混凝土有良好的黏结。混凝土保护层的有关规定见表1-13,将结合钢筋布置的间距等内容在后面介绍。其中,混凝土使用环境类别见表1-14。

混凝土保护层厚度(mm)　　　表1-13

项目 环境类别	板、墙、壳	梁、柱、杆
一	15	20
二 a	20	25
二 b	25	35
三 a	30	40
三 b	40	50

注:1. 混凝土强度等级不超过 C25 时,表中保护层厚度应增加 5mm。
2. 钢筋混凝土宜设置混凝土垫层,基础中钢筋的混凝土保护层厚度应从垫层顶面算起,且不应小于 40mm。
3. 设计使用年限为 100 年的混凝土结构,最外层钢筋的保护层厚度不应小于表中数值的 1.4 倍。

混凝土使用环境类别 表1-14

环境类别		混凝土结构的使用环境类别
		说　明
一		室内干燥环境；永久的无侵蚀性静水浸没环境
二	a	室内潮湿环境；非严寒和非寒冷地区的露天环境；非严寒和非寒冷地区与无侵蚀性的水或土壤直接接触的环境；寒冷和严寒地区的冰冻线以下的无侵蚀性的水或土壤直接接触的环境
	b	干湿交替环境；水位频繁变动环境；严寒和寒冷地区的露天环境；严寒和寒冷地区的冰冻线以上与无侵蚀性的水或土壤直接接触的环境
三	a	严寒和寒冷地区冬季水位冰冻区环境；受除冰盐影响环境；海风环境
	b	盐渍土环境；受除冰盐作用环境；海岸环境
四		海水环境
五		受人为或自然的侵蚀性物质影响的环境

(1) 梁的钢筋

梁内的钢筋有纵向受拉钢筋(主钢筋)、弯起钢筋或斜钢筋、箍筋、架立钢筋和纵向构造钢筋等。梁内的钢筋常常采用骨架形式，一般分为绑扎钢筋骨架和焊接钢筋骨架两种形式。

梁中一般配置下列几种钢筋(图1-22)：

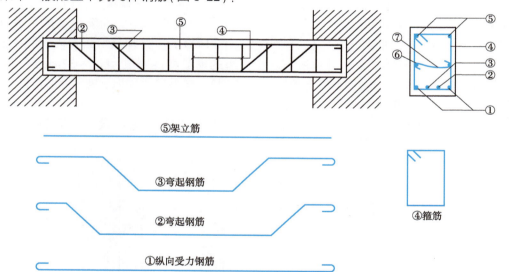

图1-22　梁的配筋形式

① 纵向受力筋。如①号筋，它是用来承受弯矩的钢筋。纵向受力钢筋的常用直径为10～28mm，根数不得少于2根。梁内受力纵筋的直径应尽可能相同；当采用不同的直径时，它们之间至少相差2mm以上，便于施工中用肉眼识别，但相差也不宜超过6mm。钢筋混凝土梁纵向受力钢筋的直径，当梁高 $h \geqslant 300mm$ 时，不应小于10mm；当梁高 $h < 300mm$ 时，不应小于8mm。梁上部纵向钢筋水平方向的净间距(钢筋外边缘之间的最小距离)不应小于30mm和 $1.5d$ (d为钢筋的最大直径)；下部纵向钢筋水平方向的净间距不应小于25mm和 d。梁的下部纵向钢筋配置多于两层时，两层以上钢筋水平方向的中距应比下面两层的中距增大一倍。各层钢筋之间的净间距不应小于25mm和 d，d为钢筋的最大直径筋。梁内纵向受拉钢筋的数量由正截面承载力计算决定。

②弯起钢筋。如②、③号钢筋,是由纵向受力钢筋弯起而成。弯起钢筋的作用是:中间段同纵向受力钢筋一样,可以承受跨中正弯矩;弯起段可以承受剪力;弯起后的水平段有时还可以用来承受支座处的负弯矩。

弯起钢筋的弯起角度一般是:当梁高 $h \leq 800mm$ 时,为 $45°$;当梁高 $h > 800mm$ 时,为 $60°$。

③箍筋。如④号钢筋,它主要是用于承受剪力。在构造上还可固定纵向受力钢筋的间距和位置,以便绑扎成一个立体的钢筋骨架。箍筋和弯起钢筋统称为腹筋,其数量由斜截面承载力计算确定。

箍筋的最小直径与梁的截面高度有关,常用直径为 $6mm$、$8mm$、$10mm$ 等。

④架立钢筋。如⑤号钢筋,其作用是固定箍筋并与受力钢筋形成骨架,一般设置在梁的受压区外缘两侧。

架立钢筋的直径与梁的跨度 l 有关。当 $l > 6m$ 时,架立钢筋的直径不宜小于 $12mm$;当 $l = 4 \sim 6m$ 时,直径不宜小于 $10mm$;当 $l < 4m$ 时,直径不宜小于 $8mm$。

简支梁的架立钢筋一般伸至梁端,当考虑其受力时,架立钢筋两端在支座内应有足够的锚固长度。

⑤纵向构造钢筋。当梁的腹板高度 $h_w \geq 450mm$ 时,在梁的两个侧面沿梁高度方向应设置纵向构造钢筋(腰筋⑥号),每侧纵向构造钢筋(不包括梁上、下部受力钢筋及架立钢筋)的截面面积不应小于 bh_w 的 0.1%,且其间距不宜大于 $200mm$,并用拉筋联系(⑦号)。

焊接骨架是先将纵向受拉钢筋(主钢筋)、弯起钢筋或斜筋和架立钢筋焊接成平面骨架,然后用箍筋将数片焊接的平面骨架组成空间骨架。图 1-23 为一片焊接平面骨架的示意图。

梁内纵向受拉钢筋的数量由计算决定。可选择的钢筋直径一般为 $12 \sim 32mm$,通常不得超过 $40mm$。在同一根梁内主钢筋宜用相同直径的钢筋,当采用两种以上直径的钢筋时,为了便于施工识别,直径应相差 $2mm$ 以上。

焊接钢筋骨架中,多层主钢筋是竖向不留空隙用焊缝连接,钢筋层数一般不宜超过 6 层。焊接钢筋骨架的净距要求见图 1-23b)。

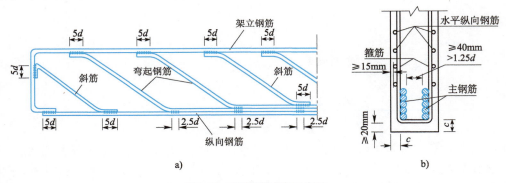

图 1-23 焊接钢筋骨架示意图

(2)板的钢筋

①受力钢筋。

板的受力钢筋同梁的纵向受拉钢筋,都用以承受外荷载所产生的拉力,数量由正截面抗弯承载力计算确定。板的纵向受力钢筋常用 HPB300(Ⅰ级)、HRB335(Ⅱ级)和 HRB400(Ⅲ级)钢筋,直径通常采用 $6 \sim 12mm$;当板厚较大时,钢筋直径可用 $14 \sim 18mm$。为了便于浇筑混凝土,保证钢筋周围混凝土的密实性,板内钢筋间距不宜太密;为了使板能正常地承受外荷载,也不宜过稀；钢筋的间距一般为 70~200mm。当板厚 $h \leq 150mm$ 时,不宜大于 200mm；当板厚 $h > 150mm$,不宜大于 $1.5h$,且不宜大于 250mm。

②分布钢筋。

板内的分布钢筋是指垂直于板内受力钢筋方向布置的构造钢筋。分布钢筋与受力钢筋绑扎或焊接在一起,形成钢筋骨架。分布钢筋的作用是：将板面的荷载更均匀地传递给受力钢筋；抵抗该方向温度和混凝土的收缩应力；在施工中固定受力钢筋的位置等。

当按单向板设计时,除沿受力方向布置受力钢筋外,尚应在垂直受力方向布置分布钢筋,如图 1-24 所示。分布钢筋宜采用 HPB300（Ⅰ级）和 HRB335（Ⅱ级）的钢筋,常用直径是 6mm 和 8mm。单位长度上分布钢筋的截面面积不宜小于单位宽度上受力钢筋截面面积的 15%,且不宜小于该方向板截面面积的 0.15%；分布钢筋的间距不宜大于 250mm,直径不宜小于 6mm；对集中荷载较大或温度变化较大的情况,分布钢筋的截面面积应适当增加,其间距不宜大于 200mm。

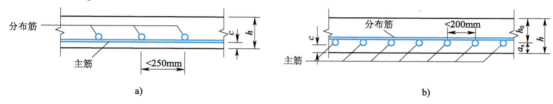

图 1-24 单向板内的钢筋

a)顺板跨方向；b)垂直于板跨方向

现浇钢筋混凝土板的最小厚度见表 1-15 所示。

现浇钢筋混凝土板的最小厚度 表 1-15

板 的 类 别		厚度(mm)
单向板	屋面板	60
	民用建筑楼板	60
	工业建筑楼板	70
	行车道下的楼板	80
双 向 板		80
密肋板	肋间距小于或等于 700mm	40
	肋间距大于 700mm	50
悬臂板	板的悬臂长度小于或等于 500mm	60
	板的悬臂长度大于 500mm	80
无 梁 楼 板		150

【任务解答】

任务二　梁的正截面破坏过程及其特征

【学习目标】
1. 了解适筋梁的正截面破坏各阶段特点；
2. 熟悉梁的正截面破坏类型和破坏特点；
3. 掌握各种梁判别方法。

【任务概况】
如图 1-25 所示，请问 a）、b）、c）分别是什么梁？在实际工程中应该选用哪种梁，为什么？请在学习完以下知识后，给出答案。

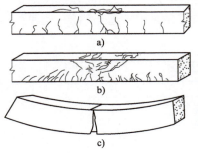

图 1-25　任务图

本单元以钢筋混凝土梁的受弯试验研究的成果，说明钢筋混凝土受弯构件在荷载作用下的受力阶段、截面正应力分布以及破坏形态。

一　适筋梁试验研究

为了研究梁正截面受力和变形的规律，试验梁采用两点对称加载。荷载是逐级施加的，由零开始直至梁正截面受弯破坏。若忽略自重的影响，在梁上两集中荷载之间的区段，梁截面仅承受弯矩，该区段称为纯弯段。为了研究分析梁截面的受弯性能，在纯弯段沿截面高度布置了一系列的应变计，量测混凝土的纵向应变分布。同时，在受拉钢筋上也布置了应变计，量测钢筋的受拉应变。此外，在梁的跨中，还布置了位移计，用以量测梁的挠度变形。如图 1-26所示。

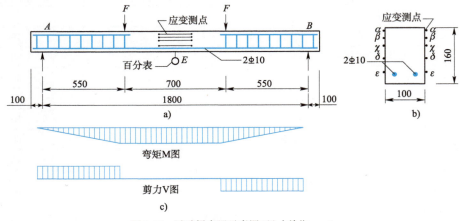

图 1-26　试验梁布置示意图（尺寸单位：mm）

如图 1-27 所示为试验梁的挠度 f 随截面弯矩 M 增加而变化的情况，从试验可知，钢筋混凝土适筋梁从加载到破坏经历三个阶段：

① 当弯矩较小时，M-f 曲线接近直线变化。这时的工作特点是梁尚未出现裂缝，称为第 I 阶段。在该阶段由于梁整个截面参加受力，截面抗弯刚度较大，梁的挠度很小，且与弯矩近似成正比。

② 当弯矩超过开裂弯矩 M_{cr} 后，开裂瞬间，裂缝截面受拉区混凝土退出工作，其开裂前承

担的拉力将转移给钢筋承担,导致裂缝截面钢筋应力突然增加(应力重分布),使中和轴比开裂前有较大上移,弯矩与挠度关系曲线出现了第一个明显的转折点,如图 1-27 所示。随着裂缝的出现与开展,挠度的增长速度较开裂前为快。荷载继续增加,挠度不断增大,裂缝宽度也随荷载的增加而不断开展。这时的工作特点是梁带有裂缝,称为第 Ⅱ 阶段。

在第 Ⅱ 阶段整个发展过程中,钢筋的应力将随着荷载的增加而增加。当受拉钢筋刚达到屈服强度 f_y 时,弯矩达到屈服弯矩 M_y。弯矩与挠度关系曲线出现了第二个明显转折点,如图 1-27 所述,标志着梁受力进入第 Ⅲ 阶段。

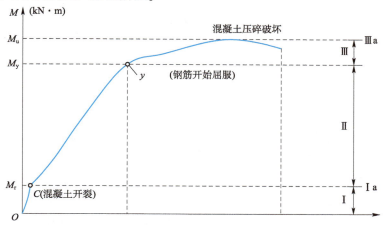

图 1-27 适筋梁弯矩—挠度关系试验曲线

③第 Ⅲ 阶段特点是梁的裂缝急剧开展,挠度急剧增加,而钢筋应变有较大的增长,但其应力基本上维持屈服强度 f_y 不变。继续加载,当受压区混凝土达到极限压应变时,梁达到极限弯矩(正截面受弯承载力) M_u,此时梁开始破坏。

梁截面应力、应变分布在各个阶段的变化特点如图 1-28 所示。

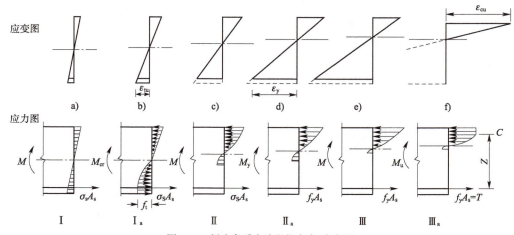

图 1-28 梁在各受力阶段的应力、应变图

①第 Ⅰ 阶段(弹性受力阶段):混凝土开裂前的未裂阶段。

从开始加荷到受拉区混凝土开裂前,整个截面均参加受力。由于荷载较小,混凝土处于弹性阶段,截面应变分布符合平截面假定,故截面应力分布为直线变化[图 1-28a)],整个截面的受力接近线弹性。

当截面受拉边缘混凝土的拉应变达到极限拉应变时[$\varepsilon_t = \varepsilon_{tu}$,图 1-28b)],截面达到即将开裂的临界状态（Ⅰa状态），相应弯矩值称为开裂弯矩M_{cr}。此时，截面受拉区混凝土出现明显的受拉塑性，应力呈曲线分布，但受压区压应力较小，仍处于弹性状态，应力为直线分布。

第Ⅰ阶段末（Ⅰa状态）可作为受弯构件抗裂度的计算依据。

②第Ⅱ阶段（带裂缝工作阶段）：混凝土开裂后至钢筋屈服前的裂缝阶段。

在开裂弯矩M_{cr}下，梁纯弯段最薄弱截面位置处首先出现第一条裂缝，梁进入带裂缝工作阶段。此后，随着荷载的增加，梁受拉区还会不断出现一些裂缝，虽然梁中受拉区出现许多裂缝，但如果纵向应变的量测标距有足够的长度（跨过几条裂缝），则平均应变沿截面高度的分布近似直线，即仍符合平截面假定。

由于受压区混凝土的压应力随荷载的增加而不断增大，其弹塑性特性表现得越来越显著，受压区应力图形逐渐呈曲线分布[图1-28c]。

第Ⅱ阶段相当于梁使用时的应力状态，可作为使用阶段验算变形和裂缝开展宽度的依据。

当钢筋应力达到屈服强度时（$\sigma_s = f_y$），梁的受力性能发生质的变化。此时的受力状态记为Ⅱa状态，弯矩记为M_y，也称为屈服弯矩。此后，梁的受力将进入屈服阶段，即第Ⅲ阶段。

③第Ⅲ阶段（破坏阶段）：钢筋开始屈服至截面破坏的破坏阶段。

对于适筋梁，钢筋应力达到屈服强度时，受压区混凝土一般尚未压坏。在该阶段，钢筋应力保持屈服强度f_y不变，即钢筋的总拉力T保持定值，但钢筋应变ε_s急剧增大，裂缝显著开展，中和轴迅速上移。由于受压区混凝土的总压力C与钢筋的总拉力T应保持平衡，即$T=C$，受压区高度x_c的减少将使混凝土的压应力和压应变迅速增大，混凝土受压的塑性特征表现得更为充分[如图1-28e]，受压区压应力图形更趋丰满。同时，受压区高度x_c的减少使钢筋拉力T与混凝土压力C之间的力臂有所增大，截面弯矩比屈服弯矩M_y也略有增加。弯矩增大直至极限弯矩值M_u时，称为第Ⅲ阶段末，用Ⅲa表示。此时，边缘纤维压应变达到（或接近）混凝土受弯时的极限压应变值ε_{cu}，标志着梁截面已开始破坏。

其后，在试验室条件下的一般试验梁虽然仍可继续变形，但所承受的弯矩将有所降低，最后在破坏区段上受压区混凝土被压碎甚至剥落，裂缝宽度已很大而告完全破坏。

第Ⅲ阶段末（Ⅲa状态）可作为正截面受弯承载力计算的依据。

表1-16总结了适筋梁正截面受弯的三个受力阶段主要特点。

适筋梁正截面受弯的三个受力阶段的主要特点 表1-16

受力阶段 主要特点		第Ⅰ阶段	第Ⅱ阶段	第Ⅲ阶段
习称		未裂阶段	带裂缝工作阶段	破坏阶段
外观特征		没有裂缝，挠度很小	有裂缝，挠度还不明显	钢筋屈服，裂缝宽，挠度大
弯矩—截面曲率（$M-\varphi^0$）		大致成直线	曲线	接近水平的曲线
混凝土应力图形	受压区	直线	受压区高度减小，混凝土压应力图形为上升段的曲线，应力峰值在受压区边缘	受压区高度进一步减小，混凝土压应力图形为较丰满的曲线，后期为有上升与下降段的曲线，应力峰值不在受压区边缘而在边缘的内侧
	受拉区	前期为直线，后期为有上升段的曲线，应力峰值不在受拉区边缘	大部分退出工作	绝大部分退出工作
纵向受拉钢筋应力		$\sigma_s \leq 20 \sim 30 \text{N/mm}^2$	$20 \sim 30 \text{N/mm}^2 < \sigma_s < f_y^0$	$\sigma_s = f_y^0$
与设计计算的联系		Ⅰa阶段用于抗裂验算	用于裂缝宽度及变形验算	Ⅲa阶段用于正截面受弯承载力计算

三 配筋率对正截面破坏形态的影响

(1) 纵向受拉钢筋的配筋率 ρ

钢筋混凝土构件是由钢筋和混凝土两种材料组成的,随着它们的配比变化,将对其受力性能和破坏形态有很大影响。截面上配置钢筋的多少,通常用配筋率来衡量。

对矩形截面受弯构件,纵向受拉钢筋的面积 A_s 与截面有效面积 bh_0 的比值,称为纵向受拉钢筋的配筋率,简称配筋率,用 ρ 表示,即

$$\rho = \frac{A_s}{bh_0}$$

式中:ρ——纵向受拉钢筋的配筋率,用百分数计量;
A_s——纵向受拉钢筋的面积;
b——截面宽度;
h_0——截面有效高度;

$$h_0 = h - a_s$$

其中:a_s——纵向受拉钢筋合力点至截面近边的距离。

(2) 受弯构件正截面的破坏形态

根据试验研究,受弯构件正截面的破坏形态主要与配筋率、混凝土和钢筋的强度等级、截面形式等因素有关,但以配筋率对构件的破坏形态的影响最为明显。根据配筋率不同,其破坏形态为适筋破坏、超筋破坏和少筋破坏,如图 1-29 所示,与三种破坏形态相对应的弯矩—挠度 (M-f) 曲线如图 1-30 所示。

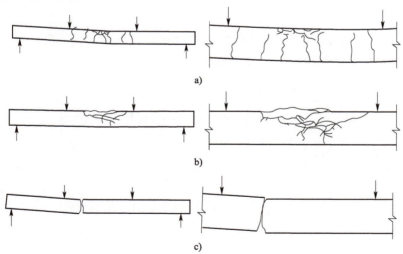

图 1-29 梁的三种破坏形态
a) 适筋破坏;b) 超筋破坏;c) 少筋破坏

①适筋梁破坏。

当配筋适中,即 $\rho_{min} \leq \rho \leq \rho_{max}$ 时(ρ_{min}、ρ_{max} 分别为纵向受拉钢筋的最小配筋率、最大配筋率)发生适筋梁破坏,其特点是纵向受拉钢筋先屈服,然后随着弯矩的增加受压区混凝土被压碎,破坏时两种材料的性能均能得到充分发挥。

适筋梁的破坏特点是破坏始自受拉区钢筋的屈服。在钢筋应力达到屈服强度之初,受压

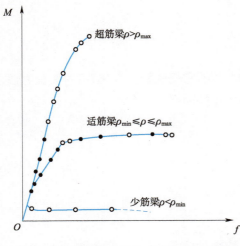

图 1-30　适筋梁、超筋梁、少筋梁的 $M\text{-}f$ 曲线

区边缘纤维的应变小于受弯时混凝土极限压应变。在梁完全破坏之前，由于钢筋要经历较大的塑性变形，随之引起裂缝急剧开展和梁挠度的激增[图 1-29a)]，它将给人以明显的破坏预兆，属于延性破坏类型。

②超筋梁破坏。

当配筋过多，即 $\rho > \rho_{max}$ 时发生超筋梁破坏，其特点是混凝土受压区先压碎，纵向受拉钢筋不屈服。

超筋梁的破坏特点在受压区边缘纤维应变达到混凝土受弯极限压应变值时，钢筋应力尚小于屈服强度，但此时梁已告破坏。试验表明，钢筋在梁破坏前仍处于弹性工作阶段，裂缝开展不宽，延伸不大，梁的挠度亦不大，如图 1-30 所示。总之，它在没有明显预兆的情况下由于受压区混凝土被压碎而突然破坏，故属于脆性破坏类型，如图 1-29b)所示。

超筋梁虽配置过多的受拉钢筋，但由于梁破坏时其钢筋应力低于屈服强度，不能充分发挥作用，造成钢材的浪费。这不仅不经济，而且破坏前没有预兆，故设计中不允许采用超筋梁。

③少筋梁破坏。

当配筋过少，即 $\rho < \rho_{min}$ 时发生少筋破坏形态，其特点是受拉区混凝土一开裂就破坏。

少筋梁的破坏特点是一旦开裂，受拉钢筋立即达到屈服强度，有时可迅速经历整个流幅而进入强化阶段，在个别情况下，钢筋甚至可能被拉断。少筋梁破坏时，裂缝往往只有一条，不仅裂缝开展过宽，且沿梁高延伸较高，即已标志着梁的"破坏"，如图 1-29c)所示。

从单纯满足承载力需要出发，少筋梁的截面尺寸过大，故不经济；同时，它的承载力取决于混凝土的抗拉强度，属于脆性破坏类型，故在土木工程中不允许采用。水利工程中，截面尺寸往往很大，为了经济，有时也允许采用少筋梁。

比较适筋梁和超筋梁的破坏特点，可以发现两者的差异在于：前者破坏始自受拉钢筋屈服；后者破坏则始自受压区混凝土被压碎。显然，总会有一个界限配筋率 ρ_b，这时钢筋应力达到屈服强度的同时，受压区边缘纤维应变也恰好达到混凝土受弯时极限压应变值，这种破坏形态叫"界限破坏"，即适筋梁与超筋梁的界限。界限配筋率 ρ_b 即为适筋梁的最大配筋率 ρ_{max}。界限破坏也属于延性破坏类型，所以界限配筋的梁也属于适筋梁的范围。可见，梁的配筋率应满足 $\rho_{min} \leq \rho \leq \rho_{max}$ 的要求。

【任务解答】

任务三　单筋矩形截面梁板正截面承载力检算

【学习目标】
1. 了解计算正截面承载力基本假定；
2. 能对单筋矩形截面梁板正截面承载力进行检算。

【任务概况】
已知梁的截面尺寸 $b=200\text{mm}$，$h=500\text{mm}$，计算跨度 $l_0=4.2\text{m}$，混凝土强度等级为 C30，纵向受拉钢筋为 3⌀20，HRB400 级钢筋，环境类别为一类。要求：求此梁所能承受的弯矩。

请在学习完以下知识后，给出答案。

　正截面承载力基本假定

1. 计算的基本假定

（1）截面应保持平面。
（2）不考虑混凝土的抗拉强度。
（3）混凝土受压的应力与应变关系曲线按下列规定取用。

当 $\varepsilon_c \leqslant \varepsilon_0$ 时：
$$\sigma_c = f_c \left[1 - \left(1 - \frac{\varepsilon_c}{\varepsilon_0}\right)^n \right] \quad (1-16)$$

当 $\varepsilon_0 < \varepsilon_c \leqslant \varepsilon_{cu}$ 时：
$$\sigma_c = f_c \quad (1-17)$$

其中：
$$n = 2 - \frac{1}{60}(f_{cu,k} - 50)$$
$$\varepsilon_0 = 0.002 + 0.5(f_{cu,k} - 50) \times 10^{-5}$$
$$\varepsilon_{cu} = 0.0033 - (f_{cu,k} - 50) \times 10^{-5}$$

式中：σ_c——混凝土压应变为 ε_c 时的压应力；
　　　f_c——混凝土轴心抗压强度设计值；
　　　ε_0——混凝土压应力刚达到 f_c 时的压应变，最小取 0.002；
　　　ε_{cu}——正截面的混凝土极限压应变，处于非均匀受压时，最大取 0.0033，处于轴心受压时取 ε_0。
　　　$f_{cu,k}$——混凝土立方体抗压强度标准值；
　　　n——系数，最大取 2.0。

（4）纵向钢筋的应力取等于钢筋应变与其弹性模量的乘积，但不大于其相应的强度设计值。纵向受拉钢筋的极限拉应变取为 0.01。

2. 计算图简化

在计算过程中为了简化计算，受压区混凝土的应力图可进一步用一个等效的矩形应力图代替。简化为等效矩形应力图的条件为：

(1) 混凝土压应力的合力 C 大小相等。
(2) 两图形中受压区合力 C 的作用点不变。

3. 混凝土受压区等效矩形应力图系数 α_1 和 β_1

系数 α_1 和 β_1，仅与混凝土应力—应变曲线有关，称为等效矩形应力图形系数。如表 1-17 和图 1-31 所示。

系数 α_1 和 β_1 表 1-17

系数\混凝土强度等级	≤C50	C55	C60	C65	C70	C75	C80
β_1	0.8	0.79	0.78	0.77	0.76	0.75	0.74
α_1	1.0	0.99	0.98	0.97	0.96	0.95	0.94

注：系数 α_1 = 等效应力图应力值/理论应力图应力值。
系数 β_1 = 混凝土受压区高度 x/中和轴高度 x_c。

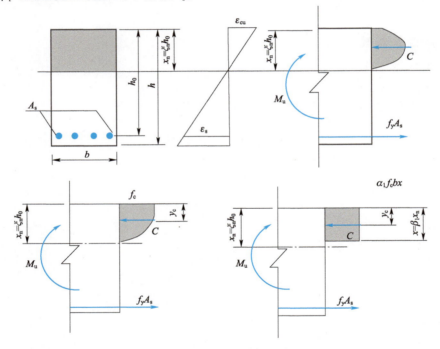

图 1-31　受弯构件正截面等效应力图

单筋矩形正截面承载力计算公式

1. 单筋矩形梁正截面受弯承载力计算的三个基本公式

$$\alpha_1 f_c bx = f_y A_s \tag{1-18}$$

$$M \leqslant M_u = \alpha_1 f_c bx\left(h_0 - \frac{x}{2}\right) \tag{1-19}$$

$$M \leqslant M_u = f_y A_s\left(h_0 - \frac{x}{2}\right) \tag{1-20}$$

式中：M——弯矩设计值；

M_u——受弯承载力设计值,即破坏弯矩设计值;
$\alpha_1 f_c$——混凝土等效矩形应力图的应力值;
f_y——钢筋抗拉强度设计值;
A_s——受拉钢筋截面面积;
b——梁截面宽度;
x——混凝土受压区高度;
h_0——截面有效高度,即截面受压边缘到受拉钢筋合力点的距离:

$$h_0 = h - a_s$$

其中:a_s——受拉钢筋合力点到梁受拉边缘的距离,当受拉钢筋为一排时:

$$a_s = c + \phi + \frac{d}{2}$$

其中:c——混凝土保护层厚度;
ϕ——箍筋直径;
d——受拉钢筋直径。

三个基本公式适用条件:

① 为了防止发生超筋破坏,$x = \xi \times h_0$;$\xi \leq \xi_b$,ξ_b 取值见表1-18。

相对界限受压区高度 ξ_b　　　　　　　　表1-18

钢筋级别	ξ_b						
	≤C50	C55	C60	C65	C70	C75	C80
HPB300	0.576	—	—	—	—	—	—
HRB335	0.550	0.541	0.531	0.522	0.512	0.503	0.493
HRB400 RRB400	0.518	0.508	0.499	0.490	0.481	0.472	0.463

② 为了防止发生少筋破坏,$\rho \geq \rho_{min}$。其中《混凝土设计规范》对 ρ_{min} 的有关规定如下:受弯构件、偏心受拉、轴心受拉构件,其一侧纵向受拉钢筋的配筋百分率不应小于 0.2% 和 $0.45 f_t / f_y$ 中的较大值。

2. 计算公式的应用

(1) 承载力复核

在承载力复核时,一般已知截面尺寸 $b \times h$,混凝土强度等级及钢材品种(f_c、f_y、f'_y),截面配筋 A_s,求截面能承受的弯矩设计值 M。

① 确定基本数据 f_c、f_y 和 h_0。其中 h_0 计算公式为:

$$h_0 = h - a_s$$

② 计算配筋率:

$$\rho = \frac{A_s}{b h_0}$$

③ 计算相对受压区高度:

$$x = \frac{f_y A_s}{\alpha_1 f_c b}$$

④ 验算适用条件:

a. $A_s \geq A_{s,min} = \rho_{min} b h$;

b. $\xi \leq \xi_b$。

⑤计算承载力弯矩并校核：
$$M_u = \alpha_1 f_c b h_0^2 \xi(1-0.5\xi) > M$$

⑥若 $\xi > \xi_b$，计算承载力弯矩并校核：
$$M_u = \alpha_1 f_c b h_0^2 \xi_b(1-0.5\xi_b) > M$$

⑦若 $A_s < A_{s,\min}$ 时，说明配筋过少需修改截面重新设计。

（2）截面设计

①确定基本数据 f_c、f_y 和 h_0。其中，h_0 按下式计算：
$$h_0 = h - a_s$$

②计算受压区高度并验算：
$$x = h_0 - \sqrt{h_0^2 - \frac{2M}{\alpha_1 f_c b}}$$

③计算受拉钢筋：
$$A_s = \frac{\alpha_1 f_c b x}{f_y}$$

④根据求得的受拉钢筋 A_s，按照有关构造要求查表选用钢筋直径和根数。

⑤验算适用条件。

【例1-2】 已知梁的截面尺寸 $b = 200\text{mm}$，$h = 500\text{mm}$，计算跨度 $l_0 = 4.2\text{m}$，混凝土强度等级为 C30，纵向受拉钢筋为 3⌀20，HRB400 级钢筋，环境类别为一类。要求：求此梁所能承受的弯矩。

解：

（1）确定基本数据

由《规范》查得，$f_c = 14.3\text{N/mm}^2$，$f_t = 1.43\text{N/mm}^2$；$f_y = 360\text{N/mm}^2$；$\alpha_1 = 1.0$；$\xi_b = 0.518$；混凝土保护层最小厚度为 20mm，取 $a_s = 35\text{mm}$。

$$h_0 = h - a_s = 500 - 35 = 465\text{mm}$$
$$A_s = 942\text{mm}^2$$

（2）验算最小配筋率

$\rho_{\min}$ 取 0.002 和 $\dfrac{0.45f_t}{f_y}$ 中的较大值，$\dfrac{0.45f_t}{f_y} = \dfrac{0.45 \times 1.43}{360} = 0.0018$，故 $\rho_{\min} = 0.002$。

$$A_s > A_{s,\min} = \rho_{\min} b h = 0.002 \times 200 \times 500 = 200\text{mm}^2$$

（3）计算截面所能承受的弯矩设计值 M_u

$$x = \frac{f_y A_s}{\alpha_1 f_c b} = \frac{360 \times 942}{1.0 \times 14.3 \times 200} = 118.57\text{mm} < \xi_b h_0 = 0.518 \times 465 = 240.87\text{mm}$$

$$M_u = \alpha_1 f_c b x \left(h_0 - \frac{x}{2}\right) = 1.0 \times 14.3 \times 200 \times 118.57 \times \left(465 - \frac{118.57}{2}\right)$$
$$= 137.58 \times 10^6 \text{N} \cdot \text{mm}$$
$$= 137.58 \text{kN} \cdot \text{m}$$

【例1-3】 如图1-32所示，某教学楼钢筋混凝土矩形截面简支梁，安全等级为二级，截面尺寸 $b \times h = 250 \times 550\text{mm}$，跨中弯矩设计值 $M = 148.165\text{kN} \cdot \text{m}$，计算跨度 $l_0 = 6\text{m}$，采用 C20 级混凝土，HRB335 级钢筋。试确定纵向受力钢筋的数量。

解:

(1) 查表

得 $f_c = 9.6\text{N/mm}^2, f_t = 1.10\text{N/mm}^2, f_y = 300\text{N/mm}^2, \xi_b = 0.550, \alpha_1 = 1.0$,结构重要性系数 $\gamma_0 = 1.0$。

(2) 计算 h_0

假定受力钢筋排一层,则 $h_0 = h - 40 = 550 - 40 = 510\text{mm}$

(3) 计算 x,并判断是否属超筋梁

$$x = h_0 - \sqrt{h_0^2 - \frac{2M}{\alpha_1 f_c b}} = 510 - \sqrt{510^2 - \frac{2 \times 148.165 \times 10^6}{1.0 \times 9.6 \times 250}} = 140.4\text{mm}$$
$$< \xi_b h_0 = 0.550 \times 510 \times 280.5\text{mm}$$

不属超筋梁。

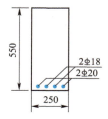

图 1-32 [例 1-3] 图

(4) 计算 A_s,并判断是否少筋

$$A_s = \frac{\alpha_1 f_c bx}{f_y} = \frac{1.0 \times 9.6 \times 250 \times 140.4}{300} = 1123.2\text{mm}^2$$

$$\frac{0.45 f_t}{f_y} = \frac{0.45 \times 1.10}{300} = 0.17\% < 0.2\%, 取 \rho_{min} = 0.2\%$$

$$\rho_{min} bh = 0.2\% \times 250 \times 550 = 275\text{mm}^2 < A_s = 1123.2\text{mm}^2$$

不属少筋梁。

(5) 选配钢筋

选配 $2\Phi 18 + 2\Phi 20 (A_s = 1137\text{mm}^2)$,如图 1-32 所示。

【例 1-4】 如图 1-33 所示的某教学楼现浇钢筋混凝土走道板,厚度 $h = 80\text{mm}$,板面做 20mm 水泥砂浆面层,计算跨度 $l_0 = 2\text{m}$,采用 C20 级混凝土,HPB300 级钢筋。试确定纵向受力钢筋的数量。

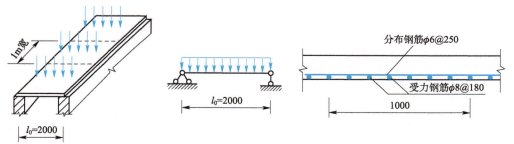

图 1-33 [例 1-4] 图(尺寸单位:mm)

解:

查表得楼面均布活荷载 $q_k = 2.5\text{kN/m}^2, f_c = 9.6\text{N/mm}^2, f_t = 1.10\text{N/mm}^2, f_y = 210\text{N/mm}^2, \xi_b = 0.614, \alpha_1 = 1.0$,结构重要性系数 $\gamma_0 = 1.0$(教学楼安全等级为二级),可变荷载组合值系数 $\Psi_c = 0.7$。

(1) 计算跨中弯矩设计值 M

钢筋混凝土和水泥砂浆重度分别为 25kN/m^2 和 20kN/m^3,故作用在板上的恒荷载标准值为:

80mm 厚钢筋混凝土板:
$$0.08 \times 25 = 2\text{kN/m}^2$$

20mm 水泥砂浆面层:
$$0.02 \times 20 = 0.04\text{kN/m}^2$$

$$g_k = 2.04 \text{kN/m}^2$$

取 1m 板宽作为计算单元,即 $b = 1000\text{mm}$,则 $g_k = 2.04\text{kN/m}, q_k = 2.5\text{kN/m}$。

$$\gamma_0(1.2g_k + 1.4q_k) = 1.0(1.2 \times 2.04 + 1.4 \times 2.5) = 5.948\text{kN/m}$$
$$\gamma_0(1.35g_k 1.4\Psi_c q_k) = 1.0(1.35 \times 2.04 + 1.4 \times 0.7 \times 2.5) = 5.204\text{kN/m}$$

取较大值得板上荷载设计值 $q = 5.948\text{kN/m}$。

板跨中弯矩设计值为:

$$M = \frac{1}{8}ql_0^2 = \frac{1}{8} \times 5.948 \times 2^2 = 2.974\text{kN} \cdot \text{m}$$

(2)计算纵向受力钢筋的数量

$$h_0 = h - 25 = 80 - 25 = 55\text{mm}$$

$$x = h_0 - \sqrt{h_0^2 - \frac{2M}{\alpha_1 f_c b}} = 55 - \sqrt{55^2 - \frac{2 \times 2.974 \times 10^6}{1.0 \times 9.6 \times 1000}} = 5.95\text{mm} < \xi_b h_0$$
$$= 0.614 \times 55 = 33.77\text{mm}$$

不属超筋梁。

$$A_s = \frac{\alpha_1 f_c bx}{f_y} = \frac{1.0 \times 9.6 \times 1000 \times 5.95}{270} = 212\text{mm}^2$$

$$\frac{0.45f_t}{f_y} = \frac{0.45 \times 1.10}{210} = 0.24\% > 0.2\%,\text{取}\ \rho_{\min} = 0.24\%$$

$$\rho_{\min} bh = 0.24\% \times 1000 \times 80 = 192\text{mm}^2 < A_s = 212\text{mm}^2$$

不属少筋梁。

受力钢筋选用 $\phi8@180(A_s = 279\text{mm}^2)$,分布钢筋按构造要求选用 $\phi6@250$。

【任务解答】

任务四 单筋矩形截面梁板斜截面承载力

【学习目标】
1. 熟悉斜截面的破坏类型及破坏特点;
2. 掌握影响斜截面承载力的主要因素;
3. 掌握钢筋混凝土斜截面承载力的计算公式及其适用条件;
4. 能进行单筋矩形截面梁板斜截面承载力检算;
5. 熟悉规范对钢筋的级别和强度、混凝土的强度等级的规定。

【任务概况】
一承受均布荷载的矩形截面简支梁,截面尺寸 $b \times h = 200\text{mm} \times 400\text{mm}$,采用 C20 混凝土,

箍筋采用 HPB300 级,已知双肢 ϕ8@200,安全等级为二级,环境类别一类,承受剪力 $V=100\text{kN}$,请问斜截面承载力是否满足要求?

请在学习完以下知识后,给出答案。

一 斜截面的受力特点和破坏形态

受弯构件除了承受弯矩外,还同时承受剪力,试验研究和工程实践都表明,在钢筋混凝土受弯构件中某些区段常常产生斜裂缝,并可能沿斜截面(斜裂缝)发生破坏。斜截面破坏往往带有脆性破坏的性质,缺乏明显的预兆,因此在实际工程中应当避免,在设计时必须进行斜截面承载力计算。

为了防止受弯构件发生斜截面破坏,应使构件有一个合理的截面尺寸,并配置必要的箍筋,箍筋也于梁底纵筋和架力钢筋绑扎或焊在一起,形成钢筋骨架(图 1-34),使各种钢筋得以在施工时维持在正确的位置上。当构件承受的剪力较大时,还可设置斜钢筋,斜钢筋一般利用梁内的纵筋弯起而形成,称为弯起钢筋。箍筋和弯起钢筋(或斜筋)又统称为腹筋。

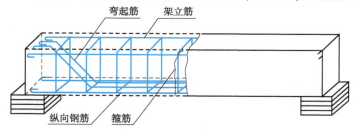

图 1-34 梁内钢筋示意图

为了提高钢筋混凝土梁的受剪承载力,防止梁沿斜截面发生脆性破坏,在实际工程结构中一般在梁内都配有腹筋(箍筋和弯起钢筋)。有腹筋梁在荷载较小、斜截面出现之前,腹筋的应力很小,腹筋的作用不明显,对斜裂缝出现的影响不大,其受力性能和无腹筋梁相近。但是,在斜裂缝出现以后,有腹筋梁的受力性能和无腹筋梁相比,有显著的不同。由前面分析可以看出,无腹筋梁斜截面出现后,剪压区几乎承受了由荷载产生的全部剪力,成为整个梁的薄弱环节。在有腹筋梁中,当斜裂缝出现以后,形成了一种"行架—拱"的受力模型,斜裂缝间的混凝土相当于压杆,梁底纵筋相当于拉杆,箍筋则相当于垂直受拉腹杆。箍筋可以将压杆Ⅱ、Ⅲ的内力通过悬吊作用传递到压杆Ⅰ顶部剪压区。因此在有腹筋梁中,箍筋(或弯起钢筋)可以直接承担部分剪力,与斜裂缝相交的腹筋应力显著增大。同时,腹筋能限制斜裂缝的延伸和开展,增大剪压区的面积,提高剪压区的抗剪能力。此外,腹筋还将提高斜裂缝交界面上的集料咬合作用和摩阻作用,延缓沿纵筋劈裂裂缝的发展,防止保护层的突然撕裂,提高纵筋的销栓作用。因此,配置腹筋可使梁的受剪承载力有较大提高。

腹筋虽然不能防止斜裂缝的出现,但却能限制斜裂缝的开展和延伸。因此,腹筋的数量对梁斜截面的破坏形态和受剪承载力有很大影响。

如果箍筋配置的数量过多(箍筋直径较大、间距较小),则在箍筋尚未屈服时,斜裂缝间的混凝土即因主压应力过大而发生斜压破坏。此时梁的受剪承载力取决于构件的截面尺寸和混凝土强度。

如果箍筋配置的数量适当,则在斜裂缝出现以后,原来由混凝土承受的拉力转由与斜裂缝相交的箍筋来承受。在箍筋尚未屈服时,由于箍筋限制了斜裂缝的开展和延伸,荷载尚能有较大增长。当箍筋屈服后,由于箍筋应力基本不变而应变迅速增加,箍筋不再能有效地抑制斜裂缝的开展和延伸,最后斜裂缝上端剪压区的混凝土在剪压复合应力作用下达到极限强度,发生剪压破坏。

如果箍筋配置的数量过少(箍筋直径较小、间距较大),则斜裂缝一出现,原来由混凝土承受的拉力转由箍筋承受,箍筋很快达到屈服强度,变形迅速增加,不能抑制斜裂缝的发展。此时,梁的受力性能和破坏形态与无腹筋梁相似,当剪跨比较大时,也将发生斜拉破坏。

因此,斜截面受剪破坏形态主要有斜压破坏、剪压破坏和斜拉破坏三种形态。除了剪跨比对斜截面破坏形态有重斜压破坏要影响以外,箍筋的配置数量对破坏形态也有很大的影响。

(1) 斜拉破坏

当 $\lambda > 3$ 或箍筋配置数量过少时,斜裂缝一旦出现,与斜裂缝相交的箍筋承受不了原来由混凝土所负担的拉力,箍筋立即屈服而不能限制斜裂缝的开展,与无腹筋梁相似,发生斜拉破坏。

(2) 剪压破坏

当 $1 < \lambda < 3$ 或箍筋配置数量适当的话,斜裂缝产生后,与斜裂缝相交的箍筋不会立即屈服,箍筋的受力限制了斜裂缝的开展。随着荷载增大,箍筋拉力增大,当箍筋屈服后,不能再限制斜裂缝的开展,使斜裂缝上端剩余截面缩小,剪压区混凝土在正应力 σ 和剪应力 τ 共同作用下达到极限强度,发生剪压破坏。

(3) 斜压破坏

当 $\lambda < 1$ 或箍筋配置数量过多,箍筋应力增长缓慢,在箍筋尚未屈服时,梁腹混凝土就因抗压能力不足而发生斜压破坏。在薄腹梁中,即使 λ 较大,也会发生斜压破坏。

对有腹筋梁来说,只要截面尺寸合适,箍筋配置数量适当,剪压破坏是斜截面受剪破坏中最常见的一种破坏形态。斜截面破坏形态如图 1-35 所示。

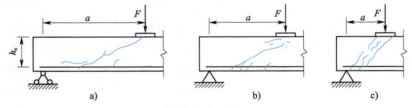

图 1-35 斜截面破坏形态

集中力至最近边缘支座的距离叫剪跨,剪跨和截面有效高度的比值叫剪跨比。即 $\lambda = a/h_0$。

 影响斜截面受剪承载力的主要因素

1. 剪跨比

试验研究表明,对集中荷载作用下的无腹筋梁,剪跨比是影响破坏形态和受剪承载力最主要的因素之一。小剪跨比时,大多发生斜压破坏,受剪承载力很高;中等剪跨比时,大多发生剪压破坏,受剪承载力次之;大剪跨比时,大多发生斜拉破坏,受剪承载力很低。当剪跨比 $\lambda > 3$ 以后,剪跨比对受剪承载力无显著的影响。

对有腹筋梁,对低配箍时剪跨比的影响较大,在中等配箍时剪跨比的影响次之,在高配箍时的剪跨比的影响则较小。

2. 混凝土强度

混凝土强度对梁受剪承载力的影响很大,试验研究和理论分析都已出现后,斜裂缝间的混凝土在剪应力和压应力的作用下处于拉压应力状态,是在拉应力和压应力的共同作用下破坏的。梁的受剪承载力随混凝土抗拉强度 f_t 的提高,大致呈线形关系。

3. 配筋率和箍筋强度

有腹筋梁出现裂缝以后,箍筋不仅可以直接承受部分剪力,还能抑制斜裂缝的开展和延伸,提高剪压区混凝土的抗剪能力和纵筋的销栓作用,间接地提高梁的受剪承载力。试验研究表明,当配置量适当时,梁的受剪承载力随配置箍筋量的增大和箍筋强度的提高而有较大幅度的提高。

配箍量一般用配箍率 ρ_{sv} 表示,即

$$\rho_{sv} = \frac{nA_{sv_1}}{bs} \tag{1-21}$$

式中:ρ_{sv}——配箍率;
  n——同一截面内箍筋的肢数;
  A_{sv_1}——单肢箍筋的截面面积;
  b——截面宽度;
  s——箍筋间距。

4. 纵向钢筋的配箍率

纵向钢筋能抑制斜裂缝的扩展,使斜裂缝上端剪压区的面积较大,从而能承受较大的剪力,同时纵筋本身也能通过销栓作用承受一定的剪力。因而纵向钢筋的配筋量增大时,梁的受剪承载力也会有一定的提高,但目前我国规范中的抗剪计算公式并未考虑这一影响。

三 受弯构件斜截面承载力计算公式

1. 仅配箍筋的受弯构件

对矩形、T 形及 I 形截面一般受弯构件,其受剪承载力计算基本公式为:

$$V \leq V_{cs} = 0.7 f_t b h_0 + f_{yv} \frac{nA_{sv_1}}{s} h_0 \tag{1-22}$$

对集中荷载作用下(包括作用多种荷载,其中集中荷载对支座截面或节点边缘所产生的剪力占该截面总剪力值的 75% 以上的情况)的独立梁,其受剪承载力计算基本公式为:

$$V \leq V_{cs} = \frac{1.75}{\lambda + 1.0} f_t b h_0 + f_{yv} \frac{A_{sv_1}}{s} h_0 \tag{1-23}$$

式中:f_t——混凝土轴心抗拉强度设计值;
  A_{sv}——配置在同一截面内箍筋各肢的全部截面面积:

$$A_{sv} = nA_{sv_1}$$

其中:n——箍筋肢数;
  A_{sv_1}——单肢箍筋的截面面积;
  s——箍筋间距;
  f_{yv}——箍筋抗拉强度设计值,但 $f_{yv} \leq 360 \text{N/mm}^2$;
  λ——计算截面的剪跨比,当 $\lambda < 1.4$ 时,取 $\lambda = 1.4$;当 $\lambda > 3$ 时,取 $\lambda = 3$。

2. 同时配置箍筋和弯起钢筋的受弯构件

同时配置箍筋和弯起钢筋的受弯构件,其受剪承载力计算基本公式为:

$$V \leqslant V_u = V_{cs} + 0.8 f_y A_{sb} \sin\alpha_s$$

式中：f_y——弯起钢筋的抗拉强度设计值；

A_{sb}——同一弯起平面内的弯起钢筋的截面面积；

α_s——取值为：当梁高小于800mm时，取45°；当梁高大于800mm时，取60°；

其余符号意义同前。

式中的系数0.8，是考虑弯起钢筋与临界斜裂缝的交点有可能过分靠近混凝土剪压区时，弯起钢筋达不到屈服强度而采用的强度降低系数。

3. 公式的适用条件

(1) 上限值——最小截面尺寸和最大配箍率

对于有腹筋梁，其斜截面的剪力由混凝土、箍筋(有时包括弯起钢筋)共同承担。但是，当梁的截面尺寸确定后，梁的受剪承载力几乎不再增加，腹筋的应力达不到屈服强度而发生斜压破坏。此时梁的受剪承载力取决于混凝土的抗压强度f_c和梁的截面尺寸。为了防止这种情况发生，《规范》规定，矩形、T形和I形截面的一般受弯构件，其受剪截面应符合下列条件：

当 $\dfrac{h_w}{b} \leqslant 4$ 时：

$$V \leqslant 0.25\beta_c f_c b h_0 \tag{1-24}$$

当 $\dfrac{h_w}{b} \geqslant 6$ 时：

$$V \leqslant 0.2\beta_c f_c b h_0 \tag{1-25}$$

当 $4 \leqslant \dfrac{h_w}{b} \leqslant 6$ 时：按线形内插法取用。

式中：V——构件斜截面上的最大剪力设计值。

β_c——混凝土强度影响系数，当混凝土强度等级不超过C50时，取$\beta_c = 1.0$；当混凝土强度等级为C80时，取$\beta_c = 0.8$；其间按线形内插法取用。

b——矩形截面的宽度，T形截面或I形截面的腹板宽度。

h_w——截面的腹板高度，矩形截面取有效高度h_0，T形截面取有效高度减去翼缘高度，I形截面去腹板净高。

以上各式表示了梁在相应的情况下斜截面受剪承载力的上限值，相当于限制了梁所必须具有的最小截面尺寸，在只配有箍筋的情况下也限制了最大配箍率。如果上述条件不能满足，则应加大梁截面尺寸或提高混凝土的强度等级。

(2) 下限值——最小配箍率和箍筋的构造规定

钢筋混凝土梁出现斜裂缝后，斜裂缝处原来混凝土承受的拉力全部转由箍筋承担，使箍筋的拉应力突然增大。如果配置的箍筋较少，则斜裂缝一出现，箍筋的应力很快达到其屈服强度(甚至被拉断)，不能有效地限制斜裂缝的发展而导致发生斜拉破坏。为了防止这种情况发生，《规范》规定的最小配箍率为：

当 $V \geqslant 0.7 f_t b h_0$ 时

$$\rho_{sv} = \dfrac{A_{sv}}{bs} \geqslant \rho_{sv,\min} = 0.24 \dfrac{f_t}{f_{yv}} \tag{1-26}$$

在满足了最小配箍率的要求后，如果箍筋选得较粗而配置较稀，则可能因箍筋间距过大而在两根箍筋之间出现不与箍筋相交的斜裂缝，使箍筋无法发挥作用。为此，《规范》还规定了

箍筋的最大间距 s_{max}（表1-19）。此外，为了使钢筋骨架具有一定的刚性，便于制作安装，箍筋的直径也不应太小。对截面高度大于800mm的梁，其箍筋直径不宜小于8mm，对截面高度为800mm及以下的梁，其箍筋直径不宜小于6mm，当梁中配有计算需要的纵向受压钢筋时，箍筋的直径尚不小于 $\frac{d}{4}$（d 为纵向受压钢筋的最大直径）。

梁中箍筋的最大间距（单位：mm） 表1-19

梁高 h	$V \geqslant 0.7f_t bh_0$	$V < 0.7f_t bh_0$
$150 < h \leqslant 300$	150	200
$300 < h \leqslant 500$	200	300
$500 < h \leqslant 800$	250	350
$h > 800$	300	400

当梁承受的剪力较小而截面尺寸较大，当满足 $V < V_c$ 时，即可以不进行斜截面受剪承载力计算，而按上述构造规定选配箍筋。

4. 斜截面受剪承载力计算位置

控制梁斜截面受剪承载力的应该是那些剪力设计值较大而受剪承载力又较小的位置，如图1-36所示。

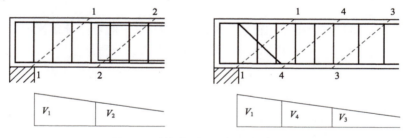

图1-36 斜截面受剪承载力的计算位置

（1）支座边缘截面1-1；
（2）腹板宽度改变处截面2-2；
（3）箍筋直径或间距改变处截面3-3；
（4）受拉区弯起钢筋弯起点处的截面4-4。

上述截面都是斜截面承载力比较薄弱的地方，所以都应该进行计算，并应取这些斜截面范围内的最大剪力，即斜截面起始端的剪力作为剪力设计值。

四 计算公式应用

1. 截面设计

当已知剪力设计值 V、材料强度和截面尺寸，要求确定箍筋和弯起钢筋的数量，其计算步骤可归纳如下。

（1）验算梁截面尺寸是否满足要求

梁的截面尺寸以及纵向钢筋通常已由正截面承载力计算初步设定，在进行受剪承载力计算时，首先应按式（1-24）或式（1-25）复核梁截面尺寸，当不满足要求时，应加大截面尺寸或提高混凝土强度等级。

(2)判别是否需要按计算配置腹筋

若梁承受的剪力设计值满足式(1-22)或式(1-23),则可不进行斜截面受剪承载力计算,而按构造规定选配箍筋;否则,应按计算配置腹筋。

(3)计算箍筋

当剪力完全由混凝土和箍筋承担时,箍筋按下列公式计算。

对于矩形、T形或I形截面的一般受弯构件,由式(1-22)可得:

$$\frac{nA_{sv}}{s} \geq \frac{V - 0.7f_t bh_0}{f_{yv}h_0}$$

对集中荷载作用下的独立梁(包括作用有多种荷载,且其中荷载对支座截面或节点边缘所产生的剪力值占总剪力值的75%以上的情况),由式(1-23)可得:

$$\frac{nA_{sv}}{s} \geq \frac{V - \frac{1.75}{\lambda + 1.0}f_t bh_0}{f_{yv}h_0}$$

计算出$\frac{nA_{sv}}{s}$后,可先确定箍筋的肢数(一般常用双肢箍,即$n=2$)和箍筋间距s,然后便可确定箍筋的截面面积A_{sv1}和箍筋的直径。也可先确定单肢箍筋的截面面积A_{sv1}和肢数n,然后求出箍筋的间距。注意选用的箍筋直径和间距应满足构造规定。

(4)计算弯起钢筋

当需要配置弯起钢筋与混凝土和箍筋共同承受剪力时,一般可先选定箍筋的直径和间距,并按式(1-22)或式(1-23)计算出V_{cs},再按只配箍筋的方法计算箍筋。

2. 截面校核

当已知材料强度、截面尺寸、配箍量以及弯起钢筋的截面面积,要求校核斜截面所能承受的剪力V时,只要将各已知数据代入式(1-22)、式(1-23)、式(1-24),即可求得解答。但应注意按式(1-24)或式(1-25)复核截面尺寸以及配箍率(1-26),并检验已配的箍筋直径和间距是否满足构造规定。

【例1-5】 一承受均布荷载的矩形截面简支梁,截面尺寸$b \times h = 200mm \times 400mm$,采用C20混凝土,箍筋采用HPB300级,已知双肢$\phi 8@200$,安全等级为二级,环境类别为一类。

要求:(1)求该梁所能承受的最大剪力设计值;

(2)若梁净跨$l_n = 4.26m$,求按受剪承载力计算的梁所能承担的均布荷载设计值q。

解:

(1)查表得$f_t = 1.10N/mm^2$,$f_c = 9.6N/mm^2$;$f_{yv} = 270N/mm^2$。

查得C20的保护层厚度$c = 25mm$;$A_{sv1} = 50.3mm^2$。

设$a_s = 40mm$,$h_0 = h - a_s = 400 - 40 = 360mm$。

(2)计算V_{cs},由《规范》式(6.3.4-2)得:

$$V_{cs} = 0.7f_t bh_0 + f_{yv}\frac{nA_{sv1}}{s}h_0 = 0.7 \times 1.1 \times 200 \times 270 \times \frac{2 \times 50.3}{200} \times 360 = 104331.6N \approx 104kN$$

复核截面尺寸及配筋率:

$$h_w = h_0 = 360mm, \beta_c = 1.0, \frac{h_w}{b} = \frac{360}{200} = 1.8 < 4$$

由式(1-24)得:

$$0.25\beta_c f_c bh_0 = 0.25 \times 1 \times 9.6 \times 200 \times 360 = 172800\text{N} \approx 173\text{kN} > V_{cs} = 103\text{kN}, 满足。$$

由式(1-26)得最小配箍率：

$$\rho_{sv,\min} = 0.24 \frac{f_t}{f_{yv}} = 0.24 \times \frac{1.1}{270} = 0.098\%$$

$$\rho_{sv} = \frac{A_{sv}}{bs} = \frac{2 \times 50.3}{200 \times 200} = 0.25\% > \rho_{sv,\min}, 满足。$$

箍筋直径 $\phi 8 > \phi 6$，满足《规范》要求。
箍筋间距 $s = 200\text{mm}$，符合表1-19的要求。
箍筋直径和间距符合构造规定。
梁所能承受的最大剪力设计值：

$$V = V_{cs} = 103\text{kN}$$

(3) 求按受剪力计算的梁所能承受的均布荷载设计值：

$$q = \frac{2V_{cs}}{l_n} = \frac{2 \times 103}{4.26} = 48.4\text{kN/m}$$

【例1-6】 均布荷载作用下箍筋梁的配筋计算。

已知：钢筋混凝土矩形截面简支梁，截面尺寸 $b = 200\text{mm}, h = 500\text{mm}, l_0 = 3.56\text{m}$，该梁承受均布荷载设计值 96kN/m（包括自重），混凝土强度等级 C25（$f_c = 11.9\text{N/mm}^2, f_t = 1.27\text{N/mm}^2$），箍筋为 HRB335（$f_{yv} = 300\text{N/mm}^2$），纵筋为 HRB400（$f_y = 360\text{N/mm}^2$）。

要求：配置箍筋。

解：

(1) 求剪力设计值
支座边缘处截面的剪力值最大：

$$V_{\max} = \frac{1}{2}ql_0 = \frac{1}{2} \times 96 \times 3.56 = 170.88\text{kN}$$

(2) 验算截面尺寸

$$h_w = h_0 = 465\text{mm}$$

$\frac{h_w}{b} = \frac{465}{200} = 2.325 < 4$，属厚腹梁，应按式(1-24)验算。因混凝土强度等级小于C50，取 $\beta_c = 1.0$。

$$0.25\beta_c f_c bh_0 = 0.25 \times 1.0 \times 11.9 \times 200 \times 465 = 276675\text{N} > V = 170880\text{N}$$

截面符合条件。

(3) 验算是否需要计算配置箍筋

$$0.7f_t bh_0 = 0.7 \times 1.27 \times 200 \times 465 = 82667\text{N} > 170880\text{N}$$

需要进行计算配置箍筋。

(4) 箍筋计算
根据式(1-22)：

$$V \leq 0.7f_t bh_0 + f_{yv}\frac{nA_{sv1}}{s}h$$

$$170880 = 0.7 \times 1.27 \times 200 \times 465 + 300 \times \frac{nA_{sv1}}{s} \times 465$$

则：

$$\frac{nA_{sv1}}{s} = \frac{170880 - 82677}{139500} = 0.632 \text{mm}^2/\text{mm}$$

根据《规范》规定,用 $\phi 8$（ $>\phi 6$ ）钢筋作为箍筋。
$A_{sv1} = 50.3 \text{mm}^2, n = 2$,带入上式得 $s = 159\text{mm}$。
根据表 1-19 的规定, $s_{max} = 200\text{mm}$,选取 $s = 150\text{mm}$。

（5）最小配筋率验算

配筋率 $\rho_{sv} = \frac{nA_{sv1}}{b \cdot s} = \frac{2 \times 50.3}{200 \times 150} = 0.335\%$,根据式（1-24）,最小配箍率为: $\rho_{svmin} = 0.24 \frac{f_t}{f_{yv}} = 0.24 \times \frac{1.27}{300} = 0.1\% < \rho_{sv}$（可以）。

【任务解答】

任务五　梁板正常使用极限状态验算

【学习目标】
1. 熟悉裂缝等级分类以及产生裂缝的原因；
2. 掌握减少构件变形和裂缝宽度的措施；
3. 能进行梁板裂缝和挠度检算。

【任务概况】
已知钢筋混凝土矩形截面简支梁,处于室内正常环境,对应的类型为一类；截面尺寸 $b \times h = 220\text{mm} \times 500\text{mm}$,计算跨度 $l_0 = 5.6\text{m}$,混凝土强度等级为 C35,钢筋采用 HRB400 级,配置纵向受拉钢筋 3⌀20,箍筋直径采用 $\phi = 8\text{mm}$,该梁承受的永久荷载标准值 $g_k = 9\text{kN/m}$（包括梁的自重）,可变荷载标准值 $q_k = 12\text{kN/m}$,可变荷载的准永久值系数 $\varphi_q = 0.4$。
要求:验算该梁的最大裂缝宽度和挠度是否满足要求。
请在学习完以下知识后,给出答案。

  挠度验算

钢筋混凝土结构设计除应进行承载能力极限状态计算外,还应根据结构构件的工作条件和使用要求,进行正常使用极限状态验算,以保证结构构件的适用性、美观性和适当的耐久性。例如,楼盖中梁板变形过大会造成粉刷剥落；支承轻质隔墙（如石膏板）的大梁变形过大会造成墙体开裂；工厂中吊车梁变形过大会妨碍吊车正常行驶,甚至发生安全事故。钢筋混凝土构件裂缝宽度过大会影响观瞻,并引起使用者的不安；在有侵蚀性液体或气体作用时,裂缝的发展会降低混凝土的抗渗性和抗冻性,使钢筋迅速锈蚀,从而严重影响其耐久性。

正常使用极限状态验算包括裂缝宽度验算及变形验算。和承载能力极限状态相比,超过正常使用极限状态所造成的危害性和严重性往往要小一些,因而对其可靠性的保证率可适当放宽一些,目标可靠指标可低一些。因此,在进行正常使用极限状态的计算中,荷载采用标准值,材料强度也采用标准值而不是设计值。

在材料力学中,研究匀质弹性受弯构件变形的计算方法,如对于简支梁挠度计算的一般公式为:

$$f = s \frac{Ml_0^2}{EI} \tag{1-27}$$

式中:f——梁跨中的最大挠度;

M——梁跨中的最大弯矩;

EI——截面抗弯刚度;

s——与荷载形式有关的荷载效应系数,例如均布荷载时,$s = 5/48$;

l_0——梁的计算跨度。

当梁的截面尺寸及材料给定时,抗弯刚度 EI 为常数,挠度 f 与弯矩 M 为线性关系,如图1-37中虚线 OA 所示。

但实际上,钢筋混凝土属于弹塑性材料,且存在裂缝,梁的弯矩与挠度(M-f)的关系曲线如图1-38(实线)所示。初加荷载时,M-f 为直线变化,说明抗弯刚度为常数,可以取为 E_cI_c(E_c 为混凝土的弹性模量,I_c 为换算截面惯性矩);裂缝出现后,M-f 曲线出现转折,f 的增长比 M 增长快,说明刚度随受拉区裂缝的开展而逐渐降低;当钢筋屈服后($M > M_y$),裂缝显著开展,M 增加很少而 f 却激增。这种现象说明,钢筋混凝土受弯构件的刚度是一个变量。同时,构件在荷载长期作用下,由于混凝土徐变等因素,构件的刚度还将随时间的增长而降低。

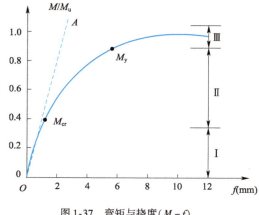

图1-37 弯矩与挠度($M-f$)

因此,钢筋混凝土受弯构件的挠度计算问题,关键在于截面抗弯刚度的取值。《规范》用 B 表示钢筋混凝土受弯构件的刚度,经实验研究确定了刚度的计算公式,这个刚度分为短期刚度 B_s 和长期刚度 B_l。

在荷载效应的标准组合作用下,钢筋混凝土受弯构件的短期刚度 B_s 可按式(1-28)计算:

$$B_s = \frac{E_s A_s h_0^2}{1.15\psi + 0.2 + \dfrac{6\alpha_E \rho}{1 + 3.5\gamma'_f}} \tag{1-28}$$

式中:ψ——裂缝间纵向受拉钢筋应变不均匀系数,$\psi = 1.1 - \dfrac{0.65 f_{tk}}{\rho_{te}\sigma_{sq}}$,一般取 $0.2 \sim 1.0$;

ρ_{te}——按有效受拉混凝土截面面积计算的受拉钢筋配筋率,$\rho_{te} = \dfrac{A_s}{0.5bh + (b_f - b)h_f}$,在最大裂缝宽度计算中,$\rho_{te} < 0.01$ 时,取 $\rho_{te} = 0.01$;

σ_{sq}——按荷载准永久组合计算的钢筋混凝土构件受拉钢筋的应力,$\sigma_{sq} = \dfrac{M_q}{0.87 h_0 A_s}$;

α_E——钢筋的弹性模量和混凝土的弹性模量之比,$\alpha_E = E_s/E_c$;

γ'_f——受压翼缘截面面积与腹板有效截面面积的比值,$\gamma'_f = (b'_f - b)h'_f/bh_0$。

矩形、T形、倒T形和I形截面受弯构件的刚度 B,可按下式计算:

$$B = \frac{B_s}{\theta} \tag{1-29}$$

钢筋混凝土受弯构件当 $\rho' = 0$ 时,$\theta = 2.0$;当 $\rho' = \rho$ 时,$\theta = 1.6$,θ 为考虑荷载长期作用对挠度增大的影响系数;其余情况按线性内插法取用。

受弯构件正常使用极限状态的挠度,可根据考虑长期荷载作用的刚度 B,用结构力学的方法进行计算,用 B 来代替 EI,这样可以得到受弯构件的挠度计算公式:

$$f_{max} = s\frac{M_q l_0^2}{B} \leq [f] \tag{1-30}$$

但是,要注意的是:沿构件长度方向的配筋及其弯矩都是变量,所以沿长度方向的刚度也是变量。因此,采用了沿长度方向最小刚度原则,即在弯矩同号区段内,按最大弯矩截面确定的刚度值为最小,并认为弯矩同号区段内的刚度相等。

理论上讲,提高混凝土强度等级,增加纵向钢筋的数量,选择合理的截面形状(如T形、I形等)都能提高梁的抗弯刚度,但效果最为显著的是增加梁的截面高度。

受弯构件的挠度应该满足下列条件:

$$f_{max} \leq [f] \tag{1-31}$$

式中:f_{max}——受弯构件的最大挠度,应按照荷载效应的标准组合并考虑长期作用影响进行计算;

$[f]$——受弯构件的挠度限值,按表1-20采用。

受弯构件的挠度限值　　表1-20

构件类型		挠度限值(以计算跨度 l_0 计算)
吊车梁	手动吊车	$l_0/500$
	电动吊车	$l_0/600$
屋盖、楼盖及楼梯构件	当 $l_0 < 7m$ 时	$l_0/200(l_0/250)$
	当 $7m \leq l_0 \leq 9m$ 时	$l_0/250(l_0/300)$
	当 $l_0 > 9m$ 时	$l_0/300(l_0/400)$

注:1. 表中 l_0 为构件的计算跨度。
2. 表中括号内的数值适用于使用上对挠度有较高要求的构件。
3. 如果构件制作时预先起拱,且使用上也允许,则在验算挠度时,可将计算所得的挠度值减去起拱值;对预应力混凝土构件,尚可减去预加力所产生的反拱值。
4. 计算悬臂构件的挠度限值时,其计算跨度 l_0 按实际悬臂长度的2倍取用。

【例 1-7】 某办公楼钢筋混凝土简支梁的计算跨度 $l_0 = 6.9m$,截面尺寸 $b \times h = 250mm \times 650mm$,环境类别为一级。梁承受均布荷载标准值(包括梁自重) $g_k = 16.20kN/m$,均布荷载标准值 $q_k = 8.50kN/m$,准永久值系数 $\varphi_q = 0.4$。混凝土强度等级为 C25($f_{t} = 1.78N/mm^2$,$E_c = 2.8 \times 10^4 N/mm^2$),采用 HRB400 级钢筋($E_s = 2.0 \times 10^5 N/mm^2$)。由正截面受弯承载力计算配置 3⌀20($A_s = 941mm^2$),梁的挠度极限值 $f_{lim} = l_0/200$。

要求:验算梁的挠度是否满足要求。

解:

已知:$b = 250mm$,$h = 650mm$,$\alpha_s = 35mm$,$h_0 = h - a_s = 650 - 35 = 615mm$,$A_s = 941mm^2$。

C25 混凝土:$f_{tk}=1.78\text{N/mm}^2$;$E_c=2.80\times10^4\text{N/mm}^2$,$E_s=2.00\times10^5\text{N/mm}^2$,有关参数计算如下:

$$f_{\lim}=\frac{l_0}{200}=34.5\text{mm}$$

准永久组合的弯矩:

$$M_q=\frac{1}{8}(g_k+\varphi_q q_k)\cdot l_0^2=\frac{1}{8}\times(16.2+0.4\times8.5)\times6.9^2=116.65\text{kN}\cdot\text{m}$$

(1) 裂缝截面处的钢筋应力 σ_{sq}

$$\sigma_{sq}=\frac{M_q}{0.87h_0A_s}=\frac{116.65\times10^6}{0.87\times615\times941}=231.7\text{N/mm}^2$$

(2) 按有效受拉混凝土截面面积计算的纵向受拉钢筋率 ρ_{te}

$$\rho_{te}=\frac{A_s}{0.5bh}=\frac{941}{0.5\times250\times650}=0.0116$$

(3) 纵向受拉钢筋应变不均匀系数 ψ

$$\psi=1.1-\frac{0.65f_{tk}}{\rho_{te}\sigma_{sk}}=1.1-\frac{0.65\times1.78}{0.0116\times231.7}=0.669$$

(4) 矩形截面 $\gamma'_f=0$

$$\rho=\frac{A_s}{bh_0}=\frac{941}{250\times615}=0.00612$$

$$\alpha_E=\frac{E_s}{E_c}=\frac{2.0\times10^5}{2.8\times10^4}=7.14$$

(5) 计算短期刚度

$$B_s=\frac{E_sA_sh_0^2}{1.15\Psi+0.2+6\alpha_E\rho}$$

$$=\frac{2.0\times10^5\times941\times615^2}{1.15\times0.669+0.2+6\times7.14\times0.00612}$$

$$=57780\times10^9\text{N}\cdot\text{mm}^2$$

(6) 计算增大系数 θ

由于 $\rho'=0$,故 $\theta=2.0$。

(7) 梁按荷载准永久组合并考虑荷载长期作用影响的刚度

$$B=\frac{B_s}{\theta}=\frac{57780\times10^9}{2}=28890\times10^9\text{N}\cdot\text{mm}^2$$

(8) 计算量的挠度

$$f=\frac{5}{48}\cdot\frac{M_q l_0^2}{B}=\frac{5}{48}\times\frac{116.65\times10^6\times6900^2}{28890\times10^9}=20.01\text{mm}<f_{\lim}=\frac{l_0}{200}=\frac{6900}{200}=34.5\text{mm}$$

符合要求。

裂缝验算

钢筋混凝土受弯构件的裂缝主要有三种:一种是由于外加变形和约束变形引起(如混凝土的收缩或温度变形);一种是钢筋锈蚀引起;还有一种是荷载引起。对于前两种裂缝,我们称为非正常裂缝,主要是采取控制混凝土浇筑质量,改善水泥性能,选择合理的级配成分,设置伸缩缝,选用合适的添加剂等措施解决,不需要进行裂缝的宽度验算。对于后一种裂缝,由于混凝土的抗拉强度很低,当荷载还比较小时,构件受拉区就会开裂,因此大多数钢筋混凝土构件都是带裂缝工作的。但如果裂缝过大,会使钢筋暴露在空气中氧化锈蚀,从而降低结构的耐久性,并且裂缝的出现和扩展还降低了构件的刚度,从而使变形增大,甚至影响正常使用。

影响裂缝宽度的主要因素如下:

(1)纵向钢筋的拉应力。裂缝宽度与钢筋应力大致呈线形关系。

(2)纵向钢筋的直径。在构件内纵向受拉钢筋的面积相同的情况下,采用细而密的钢筋可以增加钢筋与混凝土的接触面积,使黏结力增大,裂缝宽度变小。

(3)纵向钢筋的表面形状。变形钢筋由于与混凝土面有较大的黏结力,所以裂缝宽度较光面钢筋的小。

(4)纵向钢筋的配筋率。配筋率越大,裂缝宽度越小。

(5)保护层厚度。保护层厚度越大,钢筋距离混凝土边缘的距离越大,对边缘混凝土的约束力越小,混凝土的裂缝宽度越大。

当裂缝宽度较大,构件不能满足最小裂缝宽度限值时,可考虑以下措施减小裂缝宽度:

(1)增大配筋量。

(2)在钢筋截面面积相同的情况下,采用较小直径的钢筋。

(3)采用变形钢筋。

(4)提高混凝土强度等级。

(5)增大构件截面尺寸。

(6)减小混凝土保护层厚度。

其中,采用较小直径的变形钢筋是减小裂缝宽度的最简单而经济的措施。

我国《混凝土结构设计规范》根据环境类别将钢筋混凝土和预应力混凝土结构的裂缝控制等级划分为三级。

一级——严格要求不出现裂缝的构件,按荷载效应标准组合计算时,构件受拉边缘混凝土不应产生拉应力,即

$$\sigma_{ck} - \sigma_{cp} \leq 0 \tag{1-32}$$

二级——一般要求不出现裂缝的构件,按荷载效应标准组合计算时,构件受拉边缘混凝土拉应力不应大于混凝土轴心抗拉强度标准值,按荷载效应准永久组合计算时,构件受拉边缘混凝土不宜产生拉应力(当有可靠经验时可适当放松),即

$$\sigma_{ck} - \sigma_{cp} \leq f_{tk} \tag{1-33}$$

$$\sigma_{cq} - \sigma_{cp} \leq 0 \tag{1-34}$$

三级——允许出现裂缝的构件,按荷载效应的标准组合并考虑长期作用影响计算时,构件的最大裂缝宽度不应超过最大裂缝宽度限值 ω_{lim} 值,即

$$\omega_{max} \leq \omega_{lim} \tag{1-35}$$

式中:σ_{ck},σ_{cq}——荷载效应的标准组合、准永久组合下构件抗裂验算边缘的混凝土法向应力;

σ_{cp}——扣除全部预应力损失后在抗裂验算边缘的混凝土的预压应力;

f_{tk}——混凝土轴心抗拉强度标准值;

ω_{max}——按荷载效应的标准组合并考虑长期作用影响计算的最大裂缝宽度;

ω_{lim}——最大裂缝宽度限值,按表1-21采用。

结构构件的裂缝控制等级及最大裂缝宽度限值(mm)　　　　表 1-21

环境类别	钢筋混凝土结构		预应力混凝土结构	
	裂缝控制等级	ω_{lim}(mm)	裂缝控制等级	ω_{lim}(mm)
一	三级	0.3(0.4)	三级	0.2
二 a		0.2		0.1
二 b		0.2	二级	—
三 a、b		0.2	一级	—

注：1. 表中的规定适用于采用热轧钢筋的钢筋混凝土构件和采用预应力钢丝、钢绞线及热处理钢筋的预应力混凝土构件；当采用其他类别的钢丝或钢筋时，其裂缝控制要求可按专门标准确定。
2. 对处于年平均相对湿度小于60%地区一类环境下的受弯构件，其最大裂缝宽度限值可采用括号内的数值。
3. 在一类环境下，对钢筋混凝土屋架、托架及需作疲劳验算的吊车梁，其最大裂缝宽度限值应取为0.2mm；对钢筋混凝土屋面梁和托梁，其最大裂缝宽度限值应取为0.3mm。
4. 在一类环境下，对预应力混凝土屋面梁、托梁、屋架、托架、屋面板和楼板，应按二 a 类裂缝控制等级进行验算；在一类和二 a 类环境下，对需作疲劳验算的预应力混凝土吊车梁，应按不低于二级裂缝控制等级进行验算。
5. 表中规定的预应力混凝土构件的裂缝控制等级和最大裂缝宽度限值仅适用于正截面的验算。
6. 对于烟囱、筒仓和处于液体压力下的结构构件，其裂缝控制要求应符合专门标准的有关规定。
7. 对于处于四、五类环境下的结构构件，其裂缝控制要求应符合专门标准的有关规定。
8. 表中的最大裂缝宽度限值用于验算荷载作用引起的最大裂缝宽度。

按荷载准永久值组合并考虑长期作用影响的最大裂缝宽度可按下列公式计算：

$$\omega_{max} = \alpha_{cr}\psi\frac{\sigma_{sq}}{E_s}\left(1.9c_s + 0.08\frac{d_{eq}}{\rho_{te}}\right) \quad (1-36)$$

$$d_{eq} = \frac{\sum n_i d_i^2}{\sum n_i \nu_i d_i} \quad (1-37)$$

式中：α_{cr}——构件受力特征系数，按表 1-22 采用；
c_s——最外层纵向受拉钢筋外边缘至受拉区底边的距离(mm)；当 $c_s < 20$ 时，取 $c_s = 20$；当 $c_s > 65$ 时，取 $c_s = 65$；
d_i——受拉区第 i 种纵向钢筋的公称直径；
n_i——受拉区第 i 种纵向钢筋的根数；
ν_i——受拉区第 i 种纵向钢筋的相对黏结特征系数，光圆钢筋取 0.7，变形钢筋取 1.0。

构件受力特征系数　　　　表 1-22

类 别	α_{cr}	
	钢筋混凝土构件	预应力混凝土构件
受弯、偏心受压	1.9	1.5
偏心受拉	2.4	—
轴心受拉	2.7	2.2

【例 1-8】 已知钢筋混凝土矩形截面简支梁，处于室内正常环境，对应的类型为一类；截面尺寸 $b \times h = 220mm \times 500mm$，计算跨度 $l_0 = 5.6m$，混凝土强度等级为 C35，钢筋采用 HRB400 级，配置纵向受拉钢筋 3⌀20，箍筋直径采用 $\phi = 8mm$，该梁承受的永久荷载标准值 $g_k = 9kN/m$（包括梁的自重），可变荷载标准值 $q_k = 12kN/m$，可变荷载的准永久值系数 $\varphi_q = 0.4$。

要求：验算该梁的最大裂缝宽度是否满足要求。

解:

根据已知条件查得,$E_s = 2.0 \times 10^5 \text{N/mm}^2$;$f_{tk} = 2.20 \text{N/mm}^2$;最大裂缝宽度限值为 $\omega_{lim} = 0.3\text{mm}$;$A_s = 942\text{mm}^2(3\phi20)$;最外层钢筋混凝土保护层最小厚度为 $c = 20\text{mm}$。

$$a_s = \frac{c + \varphi + d}{2} = \frac{20 + 8 + 20}{2} = 38\text{mm}$$

$$h_0 = h - a_s = 500 - 38 = 462\text{mm}$$

按荷载准永久组合计算受的弯矩值为:

$$M_q = \frac{1}{8}(g_k + \psi_q q_k)l_0^2 = \frac{1}{8} \times (9 + 0.4 \times 12) \times 5.6^2 = 54.10 \text{kN} \cdot \text{m}$$

(1)裂缝截面处的钢筋应力:

$$\sigma_{sq} = \frac{M_q}{0.87 A_s h_0} = \frac{54.10 \times 10^6}{942 \times 0.87 \times 462} = 142.88 \text{N/mm}^2$$

(2)有效受拉混凝土截面面积计算的纵向受拉钢筋配筋率:

$$\rho_{te} = \frac{A_s}{0.5bh} = \frac{942}{0.5 \times 220 \times 500} = 0.017 > 0.01$$

故取 $\rho_{te} = 0.017$ 计算。

(3)纵向受拉钢筋应变不均匀系数:

$$\psi = 1.1 - 0.65 \frac{f_{tk}}{\rho_{te} \sigma_{sq}} = 1.1 - 0.65 \times \frac{2.20}{0.017 \times 142.88} = 0.511 \begin{matrix} >0.2 \\ <1.0 \end{matrix},\text{故取}\ \psi = 0.511$$

(4)受拉区纵向钢筋的等效直径。由于截面配置钢筋直径相同,则:

$$d_{eq} = 20\text{mm}$$

(5)确定最外层纵向受拉钢筋外边缘至受拉区底边的距离:

已知保护层厚度 $c = 20\text{mm}$ 箍筋直径 $\phi = 8\text{mm}$,则 $c_s = c + \phi = 20 + 8 = 28\text{mm}$

(6)受弯构件受力特征系数:

$$\alpha_{cr} = 1.9$$

(7)最大宽度裂缝:

$$\omega_{max} = \alpha_{cr} \psi \frac{\sigma_{sq}}{E_s}(1.9 c_s + 0.08 \frac{d_{eq}}{\rho_{te}})$$

$$= 1.9 \times 0.511 \times \frac{142.88}{2 \times 10^5} \times (1.9 \times 28 + 0.08 \times \frac{20}{0.017})$$

$$= 0.102\text{mm} < \omega_{lim} = 0.3\text{mm}$$

故满足要求。

【任务解答】

学习项目三 双筋矩形截面梁板检算

【学习目标】
1. 了解双筋梁的使用情况；
2. 能对双筋矩形截面梁正截面承载力进行检算。

【任务概况】
已知梁的截面尺寸 $b=200\text{mm}$，$h=500\text{mm}$，计算跨度 $l_0=4.2\text{m}$，混凝土强度等级为C30，纵向受拉钢筋为 4⊈25，纵向受拉钢筋为 2⊈14，HRB400级钢筋，环境类别为一类。要求：求此梁所能承受的弯矩。

请在学习完以下知识后，给出答案。

 双筋梁的适用情况

单筋矩形截面适筋梁的最大承载能力为 $M_u=\alpha_1 f_c b h_0^2 \xi_b(1-0.5\xi_b)$。因此，当截面承受的弯矩设计值 M 较大，而梁截面尺寸受到使用条件限制或混凝土强度又不宜提高的情况下，又出现 $\xi>\xi_b$ 而承载能力不足时，则应改用双筋截面，即在截面受压区配置钢筋来协助混凝土承担压力，且将 ξ 减小到 $\xi\leqslant\xi_b$，破坏时受拉区钢筋应力可达到屈服强度，而受压区混凝土不致过早压碎。

此外，当梁截面承受异号弯矩时，则必须采用双筋截面。有时，由于结构本身受力图式的原因，例如连续梁的内支点处截面，将会产生事实上的双筋截面。

一般情况下，采用受压钢筋来承受截面的部分压力是不经济的。但是，受压钢筋的存在可以提高截面的延性并可减少长期荷载作用下受弯构件的变形。

双筋截面受弯构件必须设置封闭式箍筋。试验表明，它能够约束受压钢筋的纵向压屈变形。若箍筋刚度不足(如采用开口箍筋)或箍筋的间距过大，受压钢筋会过早向外侧向凸出(这时受压钢筋的应力可能达不到屈服强度)，反而会引起受压钢筋的混凝土保护层开裂，使受压区混凝土过早破坏。因此，当梁中配有计算需要的受压钢筋时，箍筋应为封闭式。一般情况下，箍筋的间距不大于400mm，并不大于受压钢筋直径 d' 的15倍；箍筋直径不小于8mm或 $d'/4$，d' 为受压钢筋直径。

双筋截面等效应力图如图1-38所示。

 基本计算公式及适用条件

$$\sum X=0 \quad f_y A_s = f'_y A'_s + \alpha_1 f_c b x \quad (1\text{-}38)$$

$$\sum M=0 \quad M_u = f'_y A'_s(h_0 - a'_s) + \alpha_1 f_c b x \left(h_0 - \frac{x}{2}\right) \quad (1\text{-}39)$$

式中：A'_s——受压区纵向受力钢筋的截面面积；

a'_s——从受压区边缘到受压区纵向受力钢筋合力作用点之间的距离,当受压钢筋按两排布置时,可取 $a'_s = 60\text{mm}$。

适用条件是:

$$x \leqslant \xi_b h_0 \quad (1\text{-}40)$$

$$x \geqslant 2a'_s \quad (1\text{-}41)$$

满足式(1-40)可防止受压区混凝土在受拉区纵向受力钢筋屈服前压碎;满足式(1-41)可防止受压区纵向受力钢筋在构件破坏时达不到抗压强度设计值。

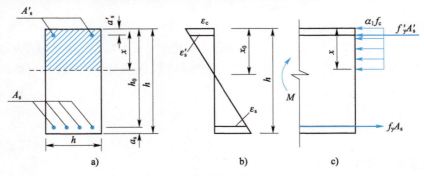

图 1-38 双筋截面等效应力图

在实际设计中,若求得 $x < 2a'_s$,则表明受压钢筋 A'_s 可能达不到其抗压强度设计值。对于受压钢筋保护层混凝土厚度不大的情况,可取 $x = 2a'_s$,即假设混凝土压应力合力作用点与受压区钢筋 A'_s 合力作用点相重合,对受压钢筋合力作用点取矩,可得到正截面抗弯承载力的近似表达式为:

$$M_u = f_y A_s (h_0 - a'_s) \quad (1\text{-}42)$$

三、计算公式的应用

1. 承载力复核

在承载力复核时,一般已知截面尺寸 $b \times h$,混凝土强度等级及钢材品种(f_c、f_y、f'_y),截面配筋 A_s、A'_s,求截面能承受的弯矩设计值 M。

(1) 确定基本数据 f_c、f_y 和 h_0。

$$h_0 = h - a_s$$

(2) 计算配筋率:

$$\rho = \frac{A_s}{bh_0}$$

(3) 计算相对受压区高度:

$$x = \frac{f_y A_s - f'_y A'_s}{\alpha_1 f_c b}$$

(4) 验算适用条件。

① $A_s \geqslant A_{s,\min} = \rho_{\min} bh$;

② $\xi \leqslant \xi_b$。

(5) 计算承载力弯矩并校核:

$$M_u = f'_y A'_s (h_0 - a'_s) + \alpha_1 f_c bx \left(h_0 - \frac{x}{2}\right) > M,则安全。$$

(6)若 $\xi > \xi_b$,计算承载力弯矩并校核。
$M_u = \alpha_1 f_c b h_0^2 \xi_b (1 - 0.5\xi_b) + f'_y A'_s (h_0 - a'_s) > M$,则安全。
(7)若 $A_s < A_{s,min}$ 时,说明配筋过少,需修改截面重新设计。

2. 截面设计

情况 1:已知截面尺寸,材料强度级别,弯矩计算值 M,求受拉钢筋面积 A_s 和受压钢筋面积 A'_s。

(1)假设 a_s 和 a'_s,求得 $h_0 = h - a_s$。
(2)验算是否需要采用双筋截面。当式(1-4)满足时,须采用双筋截面:

$$M > M_u = f_c b h_0^2 \xi_b (1 - 0.5\xi_b) \tag{1-43}$$

(3)利用基本公式求解 A'_s,有 A'_s、A_s 及 x 三个未知数,故尚需增加一个条件才能求解。在实际计算中,应使截面的总钢筋截面积 $(A_s + A'_s)$ 为最少,可取 $\xi = \xi_b$。再利用式(1-39)求得受压区普通钢筋所需面积 A'_s。

(4)求 A_s。将 $x = \xi_b h_0$ 及受压钢筋 A'_s 计算值代入式(1-38),求得所需受拉钢筋面积 A_s。

(5)分别选择受压钢筋和受拉钢筋直径及根数,并进行截面布置。

这种情况的配筋计算,实际是利用 $\xi = \xi_b$ 来确定 A_s 与 A'_s,故基本公式适用条件已满足。

情况 2:已知截面尺寸,材料强度级别,受压区普通钢筋面积 A'_s 及布置,弯矩计算值 M,求受拉钢筋面积 A_s。

(1)假设 a_s,求得 $h_0 = h - a_s$。
(2)求受压区高度 x。将各已知值代入式(1-37),可得到:

$$x = h_0 - \sqrt{h_0^2 - \frac{2[M - f'_y A'_s (h_0 - a'_s)]}{\alpha_1 f_c b}}$$

(3)当 $x \leq \xi_b h_0$ 且 $x \geq 2a'_s$,则将各已知值及受压钢筋面积 A'_s 代入式(1-36),可求得 A_s 值。

(4)选择受拉钢筋的直径和根数,布置截面。

当 $x < 2a'_s$ 时,可由式(1-42)求得所需受拉钢筋面积 A_s 为:

$$A_s = \frac{M}{f_y (h_0 - a'_s)}$$

当 $x > \xi_b h_0$ 时,说明受压钢筋不足,按情况 1 计算。

【例 1-9】 已知梁截面尺寸 $b = 300mm$,$h = 600mm$,选用 C35 的混凝土和 HRB400 级的纵向钢筋,环境类别为二类 a。配有纵向受压钢筋 2⌀16,受拉钢筋 4⌀25。

要求:求梁截面所能承受的弯矩设计值 M_u。

解:

(1)确定基本数据。

查得:$f_c = 16.7N/mm^2$,$f_t = 1.57N/mm^2$;$f_y = 360N/mm^2$;$\alpha_1 = 1.0$;$\xi_b = 0.518$;混凝土保护层最小厚度为 25mm,则取 $a_s = c + \varphi + \frac{d}{2} = 25 + 8 + 12.5 = 45.5mm$,取 45mm。

$$a'_s = c + \varphi + \frac{d}{2} = 25 + 8 + 8 = 41mm,取 40mm。$$

查得 $A'_s = 402mm^2$,$A_s = 1964mm^2$。

(2)验算最小配筋率。

受拉钢筋的最小配筋率应为 0.002 和 $0.45f_t/f_y$ 中的较大值;$0.45f_t/f_y = 0.45 \times 1.57/360 = 0.002mm$,所以,$\rho_{min} = 0.002$。

$$A_{s,min} = 0.002 \times 300 \times 600 = 360 \text{mm}^2 < A_s = 1964 \text{mm}^2$$

满足要求。

(3)计算截面承受的弯矩。

$$x = \frac{f_y A_s - f'_y A'_s}{\alpha_1 f_c b} = \frac{360 \times 1964 - 360 \times 402}{1.0 \times 16.7 \times 300} = 112.24 \text{mm}$$

$$x < \xi_b h_0 = 0.518 \times 555 = 287.5 \text{mm}, \text{且 } x > 2a'_s = 2 \times 40 = 80 \text{mm}$$

$$\begin{aligned}
M_u &= \alpha_1 f_c b x \left(h_0 - \frac{x}{2}\right) + f'_y A'_s (h_0 - a'_s) \\
&= 1.0 \times 16.7 \times 300 \times 112.24 \times \left(555 - \frac{112.24}{2}\right) + 360 \times 402 \times (555 - 40) \\
&= 355.03 \times 10^6 \text{N} \cdot \text{mm} \\
&= 355.03 \text{kN} \cdot \text{m}
\end{aligned}$$

【例1-10】 已知条件同[例1-9],但梁中就配置的纵向受力钢筋为3Φ16,受拉钢筋为3Φ25,要求:求梁截面所能承受的弯矩设计值M_u。

解:

(1)确定基本数据。

查得,$A'_s = 603 \text{mm}^2$,$A_s = 1473 \text{mm}^2$,其他同[例1-9]。

(2)计算截面承受的弯矩设计值M_u

$$x = \frac{f_y A_s - f'_y A'_s}{\alpha_1 f_c b} = \frac{360 \times 1473 - 360 \times 603}{1.0 \times 16.7 \times 300} = 62.52 \text{mm}$$

$$x < 2a'_s = 2 \times 40 = 80 \text{mm}$$

说明破坏时A'_s达不到屈服强度,此时可取$x = 2a'_s$。

$$\begin{aligned}
M_u &= f_y A_s (h_0 - a'_s) \\
&= 360 \times 1473 \times (555 - 45) \\
&= 270.44 \times 10^6 \text{N} \cdot \text{mm} \\
&= 270.44 \text{kN} \cdot \text{m}
\end{aligned}$$

【例1-11】 已知条件同[例1-9],但梁中就配置的纵向受力钢筋为2Φ16,受拉钢筋为8Φ28 要求:求梁截面所能承受的弯矩设计值M_u。

解:

(1)确定基本数据。

查得,$A'_s = 402 \text{mm}^2$,$A_s = 4926 \text{mm}^2$,取$a'_s = 40 \text{mm}$,$a_s = 45 \text{mm}$,其他同[例-1-9]。

(2)计算截面承受的弯矩设计值M_u

$$x = \frac{f_y A_s - f'_y A'_s}{\alpha_1 f_c b} = \frac{360 \times 4926 - 360 \times 402}{1.0 \times 16.7 \times 300} = 325.08 \text{mm}$$

$$x > \xi_b h_0 = 0.518 \times 555 = 287.49 \text{mm}$$

说明原设计梁为超筋梁,此时可近似地取$x = \xi_b h_0$。

$$\begin{aligned}
M_u &= \alpha_1 f_c b x \left(h_0 - \frac{x}{2}\right) + f'_y A'_s (h_0 - a'_s) \\
&= 1.0 \times 16.7 \times 300 \times 287.49 \times \left(555 - \frac{287.49}{2}\right) + 360 \times 402 \times (555 - 40) \\
&= 666.87 \times 10^6 \text{N} \cdot \text{mm}
\end{aligned}$$

$$= 666.87 \text{kN} \cdot \text{m}$$

【例 1-12】 已知梁截面尺寸 $b=250\text{mm}$，$h=550\text{mm}$，选用 C30 的混凝土和 HRB400 级的纵向钢筋，环境类别为一类，截面所能承受的弯矩设计值 $M=400\text{kN} \cdot \text{m}$。

要求：求所需的纵向钢筋。

解：

(1) 确定基本数据。

由 $f_c = 14.3 \text{N/mm}^2$，$f_y = 360 \text{N/mm}^2$；查得，$\alpha_1 = 1.0$；$\xi_b = 0.518$。

混凝土保护层最小厚度为 20mm。

(2) 判断是否采用双筋截面。

因弯矩设计值较大，预计受拉钢筋需排成两排，故取 $h_0 = h - a_s = 550 - 60 = 490\text{mm}$。

$$\begin{aligned} M_b &= \alpha_1 f_c b h_0^2 \xi_b (1 - 0.5\xi_b) \\ &= 1.0 \times 14.3 \times 250 \times 490^2 \times 0.518 \times (1 - 0.5 \times 0.518) \\ &= 329.47 \times 10^6 \text{N} \cdot \text{mm} \\ &= 329.47 \text{kN} \cdot \text{m} \end{aligned}$$

$$M = 400 \text{kN} \cdot \text{m} > M_b = 329.47 \text{kN} \cdot \text{m}$$

单筋梁的承载力不够，在混凝土强度等级和截面尺寸不改变的前提下，应该采用双筋截面。

(3) 计算受压钢筋 A'_s 和受拉钢筋 A_s。

取 $\xi = \xi_b = 0.518$，$a_s = 60\text{mm}$，$a'_s = 35\text{mm}$。

$$\begin{aligned} A'_s &= \frac{M - \alpha_1 f_c b h_0^2 \xi_b (1 - 0.5\xi_b)}{f'_y (h_0 - a'_s)} \\ &= \frac{400 \times 10^6 - 1.0 \times 14.3 \times 250 \times 490^2 \times 0.518(1 - 0.5 \times 0.518)}{360 \times (490 - 35)} = 431\text{mm}^2 \end{aligned}$$

$$\begin{aligned} A_s &= \frac{\alpha_1 f_c b \xi_b h_0 + f'_y A'_s}{f_y} \\ &= \frac{1.0 \times 14.3 \times 250 \times 0.518 \times 490 + 360 \times 431}{360} \\ &= 2952 \text{mm}^2 \end{aligned}$$

(4) 配筋。

(5) 受压钢筋选用 3⊕14（$A'_s = 461\text{mm}^2$），受拉钢筋选用 8⊕22（$A_s = 3041\text{mm}^2$）。截面配筋见图 1-39。

【例 1-13】 已知条件同[例 1-12]，但截面的受压区已配置受压钢筋 3⊕22。

要求：求所需的受拉钢筋 A_s。

解：

(1) 确定基本数据。

查得，$A'_s = 1140\text{mm}^2$，其他同[例 1-12]。

(2) 计算受拉钢筋 A_s。

$$x = 490 - \sqrt{490^2 - \frac{2 \times [400000000 - 360 \times 1140 \times (490 - 35)]}{1.0 \times 14.3 \times 250}} = 142.1\text{mm}$$

$$< \xi_b h_0 = 0.518 \times 490 = 254\text{mm}$$

且

$$x > 2a'_s = 2 \times 35 = 70\text{mm}$$

$$A_s = \frac{\alpha_1 f_c bx + f'_y A'_s}{f_y}$$

$$= \frac{1.0 \times 14.3 \times 250 \times 142.1 + 360 \times 1140}{360}$$

$$= 2551\text{mm}^2$$

（3）配筋。

受拉钢筋采用 $3\Phi25 + 3\Phi22$（$A_s = 1473 + 1140 = 2623\text{mm}^2$），截面配筋见图 1-40。

【例 1-14】 已知条件同[例 1-12]，但截面受压区已配置受压钢筋 $4\Phi25$。

要求：求所需的受拉钢筋 A_s。

解：

（1）确定基本数据。

查得，$A'_s = 1964\text{mm}^2$，其他条件同[例 1-12]。

（2）计算受拉钢筋 A_s。

$$x = 490 - \sqrt{490^2 - \frac{2 \times [400000000 - 360 \times 1964 \times (490-35)]}{1.0 \times 14.3 \times 250}} = 47\text{mm}$$

$$< 2a'_s = 2 \times 35 = 70\text{mm}$$

说明受压钢筋 A'_s 已经足够并且有富余。此时 A'_s 保持不变，可以近似按 $x = 2a'_s$ 的情况计算 A'_s。

$$A_s = \frac{M}{f_y(h_0 - a'_s)} = \frac{400 \times 10^6}{360 \times (490 - 35)}$$

$$= 2442\text{mm}^2$$

（3）配筋。

受拉钢筋选用 $5\Phi25$（$A_s = 2454\text{mm}^2$），截面配筋见图 1-41。

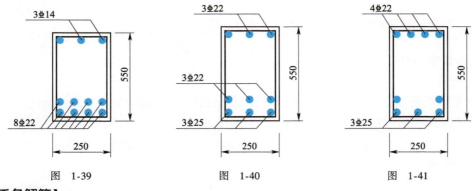

图 1-39　　　　　图 1-40　　　　　图 1-41

【任务解答】

学习项目四 T形截面梁检算

【学习目标】
1. 了解T形截面梁的优缺点;
2. 能对T形截面梁正截面承载力进行检算。

【任务概况】
已知第一类T形截面梁的受弯承载力计算 $b'_f = 500\text{mm}$, $h'_f = 80\text{mm}$, $b \times h = 250\text{mm} \times 600\text{mm}$,混凝土强度等级为C30,钢筋为HRB400级,纵向受拉钢筋4⌀25,安全等级为二级,环境类别为一类。

要求:确定该梁截面的极限弯矩设计值 M_u。
请在学习完以下知识后,给出答案。

矩形截面梁在破坏时,受拉区混凝土早已开裂。在开裂截面处,受拉区的混凝土对截面的抗弯承载力已不起作用,所以在矩形截面受弯构件的承载力计算中,没有考虑混凝土的抗拉强度。因此可将受拉区混凝土挖去一部分,将受拉钢筋集中布置在剩余拉区混凝土内,形成钢筋混凝土T形梁的截面(图1-42),其承载能力与原矩形截面梁相同,但节省了混凝土并减轻了梁自重,从而具有更大的跨越能力。

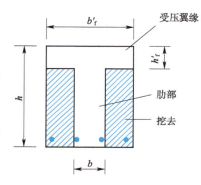

图 1-42 钢筋混凝土T形梁截面

 基本计算公式及适用条件

T形截面的伸出部分称为翼缘,其宽度为 b'_f,厚度为 h'_f;中间部分称为肋或腹部,肋宽为 b,高为 h_0,有时为了方便,也采用翼缘在受拉区的倒T形截面或I形截面。由于不考虑受拉区翼缘混凝土受力,因此T形截面按宽度为 b 的矩形截面计算,I形截面按T形截面计算,对于现浇楼盖的连续梁,由于支座处承受负弯矩,梁截面下部受压,因此支座处按矩形截面计算,而跨中按T形截面计算。

理论上,T形截面翼缘宽度 b'_f 越大,截面的受力性能越好。因为在弯矩作用下,b'_f 越大,则受压区高度 x 越小,内力臂增大,因而可减小受力钢筋截面面积。但是T形截面受弯构件翼缘的纵向压应力沿翼缘宽度分布不均匀,离肋部越远越小,因此对 b'_f 应加以限制。

1. 基本计算公式

T形截面受弯构件,按受压区的高度不同,可分为两种类型:
第一类:中和轴在翼缘内,即 $x \leq h'_f$,见图1-43。
第二类:中和轴在梁肋部,即 $x > h'_f$,见图1-44。
当 $x = h'_f$ 时,为两类T形截面的界限情况。由平衡条件:

$$\sum X = 0 \quad \alpha_1 f_c b'_f h'_f = f_y A_s \quad (1\text{-}44)$$

$$\sum M_s = 0 \quad M = \alpha_1 f_c b'_f h'_f \left(h_0 - \frac{h'_f}{2} \right) \tag{1-45}$$

因此：

$$\sum X = 0 \quad \alpha_1 f_c b'_f h'_f \geq f_y A_s \tag{1-46}$$

$$\sum M_s = 0 \quad M \leq \alpha_1 f_c b'_f h'_f \left(h_0 - \frac{h'_f}{2} \right) \tag{1-47}$$

此时中和轴在翼缘内，即 $x \leq h'_f$，属于第一类截面；反之，属于第二类截面。

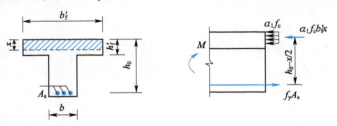

图 1-43　第一类 T 形截面

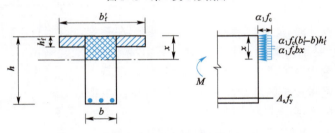

图 1-44　第二类 T 形截面

（1）第一类 T 形截面的计算公式

$$\alpha_1 f_c b'_f x = f_y A_s \tag{1-48}$$

$$M \leq M_u = \alpha_1 f_c b'_f x \left(h_0 - \frac{x}{2} \right) \tag{1-49}$$

适用条件：

$$\xi \leq \xi_b \text{ 和 } A_s \geq \rho_{\min} bh$$

（2）第二类 T 形截面的计算公式

$$\sum X = 0 \quad \alpha_1 f_c (b'_f - b) h'_f + \alpha_1 f_c bx = f_y A_s \tag{1-50}$$

$$\sum M_s = 0 \quad M \leq \alpha_1 f_c (b'_f - b) h'_f \left(h_0 - \frac{h'_f}{2} \right) + \alpha_1 f_c bx \left(h_0 - \frac{x}{2} \right) \tag{1-51}$$

适用条件：

$$x \leq \xi_b h_0 \text{ 和 } A_s \geq \rho_{\min} bh$$

2. T 形截面翼缘宽度 b'_f 的确定（表 1-23）

二、计算公式的应用

1. 截面设计

已知截面尺寸、材料强度级别、弯矩设计值 M，求受拉钢筋截面面积 A_s。

（1）假设 a_s。对于空心板等截面，往往采用绑扎钢筋骨架，因此可根据等效工字形截面下

翼板厚度 h_f,在实际截面中布置一层或布置两层钢筋来假设 a_s 值。这与前述单筋矩形截面相同。对于预制或现浇 T 形梁,往往多用焊接钢筋架,由于多层钢筋的叠高一般不超过$(0.15 \sim 0.2)h$,故可假设 $a_s = 30\text{mm} + (0.07 \sim 0.1)h$。这样可得到有效高度 $h_0 = h - a_s$。

T 形截面翼缘宽度 b'_f 的确定   表 1-23

项次	情况		T 形、I 形截面		倒 L 形截面
			肋形梁(板)	独立梁	肋形梁(板)
1	按跨度 l_0 考虑		$l_0/3$	$l_0/3$	$l_0/6$
2	按梁(纵肋)净距 s_n 考虑		$b + s_n$	—	$b + s_n/2$
3	按翼缘高度 h'_f 考虑	$h'_f/h_0 \geq 0.1$	—	$b + 12h'_f$	—
		$0.1 > h'_f/h_0 \geq 0.05$	$b + 12h'_f$	$b + 6h'_f$	$b + 5h'_f$
		$0.05 > h'_f/h_0$	$b + 12h'_f$	b	$b + 5h'_f$

(2)判定 T 形截面类型。

如满足式(1-47),属于第一类 T 形截面,否则属于第二类 T 形截面。

(3)当为第一类 T 形截面时,由式(1-49)求得受压区高度 x,再由式(1-48)求所需的受拉钢筋面积 A_s。

(4)当为第二类 T 形截面,由式(1-51)求受压区高度 x 并满足 $h'_f < x \leq \xi_b h_0$。将各已知值及 x 值代入式(1-50),求得所需受拉钢筋面积 A_s。

(5)选择钢筋直径和数量,按照构造要求进行布置。

2. 截面复核

已知受拉钢筋截面面积及钢筋布置、截面尺寸和材料强度级别,要求复核截面的抗弯承载力。

(1)检查钢筋布置是否符合规范要求。

(2)判定 T 形截面的类型。

这时,若满足式(1-46),即钢筋所承受的拉力 $f_y A_s$ 小于或等于全部受压翼板高度 h'_f 内混凝土压应力合力 $f_c b' _f h'_f$,则 $x \leq h'_f$,属于第一类 T 形截面,否则属于第二类 T 形截面。

(3)当为第一类 T 形截面时,由式(1-48)求得受压区高度 x,满足 $x \leq h'_f$。将各已知值及 x 值代入式(1-49),求得正截面抗弯承载力必须满足 $M_u \geq M$。

(4)当为第二类 T 形截面时,由式(1-50)求受压区高度 x,满足 $h'_f < x \leq \xi_b h_0$。将各已知值及 x 值代入式(1-51)即可求得正截面抗弯承载力,必须满足 $M_u \geq M$。

【例 1-15】 已知 T 形截面梁的截面形式(图 1-45) $b'_f = 500\text{mm}$, $h_f = 80\text{mm}$, $h = 600\text{mm}$, 混凝土强度等级为 C30 ($f_c = 14.3\text{N/mm}^2$, $f_t = 1.43\text{N/mm}^2$, $\alpha_1 = 1.0$, $\beta_1 = 0.8$, $\varepsilon_{cu} = 0.0033$),钢筋为 HRB400 级 ($f_y = 360\text{N/mm}^2$, $E_s = 2.0 \times 10^5 \text{N/mm}^2$, $\xi_b = 0.518$),纵向受拉钢筋 5 Φ 20 ($A_s = 1571\text{mm}^2$),安全等级为二级,环境类别为一类。

要求:确定该梁截面的极限弯矩设计值 M_u。

解:

(1)查得保护层厚度 $c = 20\text{mm}$,取 $a_s = 35\text{mm}$。

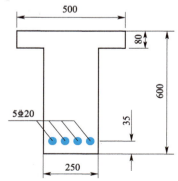

图 1-45 [例 1-15]图(尺寸单位:mm)

(2)判断 T 形截面的类型：

$$\alpha_1 f_c b'_f h'_f = 1.0 \times 14.3 \times 500 \times 80 = 572000\text{N} > f_y A_s = 360 \times 1571 = 565560\text{N}$$

属于第一类 T 形截面，故按截面宽度为 $b'_f = 500\text{mm}$ 的矩形截面进行计算。

(3)求极限弯矩设计值 M_u。

$$1.0 \times 14.3 \times 500x = 360 \times 1571$$

得：

$$x = 79\text{mm}$$

$$\begin{aligned}M_u &= 1.0 \times 14.3 \times 500x(565 - 0.5x) \\ &= 1.0 \times 14.3 \times 500 \times 79 \times (565 - 0.5 \times 79) \\ &= 296828675\text{N} \cdot \text{mm} \\ &= 296.8\text{kN} \cdot \text{m}\end{aligned}$$

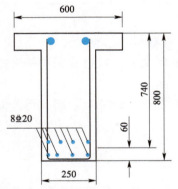

图 1-46　[例 1-16]图(尺寸单位:mm)

【例 1-16】 已知 T 形截面梁，如图 1-46 所示。$f_c = 11.9\text{N/mm}^2$，纵筋为 $8 \oplus 20 (A_s = 2513\text{mm}^2)$，$f_y = 360\text{N/mm}^2$，$h_0 = 740\text{mm}$，$\xi_b = 0.518$。

要求：计算该 T 形截面梁的受弯承载力。

解：

(1)判别截面类型。

$$f_y A_s = 360 \times 2513 = 904.7\text{kN} > \alpha_1 f_c b'_f h'_f = 11.9 \times 600 \times 100 = 714\text{kN}$$

故为第二类 T 形截面。

(2)求 x。

$$x = \frac{f_y A_s - \alpha_1 f_c (b'_f - b) h'_f}{\alpha_1 f_c b}$$

$$= \frac{360 \times 2513 - 11.9 \times (600 - 250) \times 100}{11.9 \times 250} = 164.1\text{mm}$$

$$< \xi_b h_0 = 0.518 \times 740 = 383.3\text{mm}$$

满足使用条件。

(3)求 M_u。

$$\begin{aligned}M_u &= M_1 + M'_f = \alpha_1 f_c bx\left(h_0 - \frac{x}{2}\right) + \alpha_1 f_c (b'_f - b) h'_f \left(h_0 - \frac{h'_f}{2}\right) \\ &= 11.9 \times 250 \times 164.1 \times \left(740 - \frac{164.1}{2}\right) + 11.9 \times 350 \times 100 \times \left(740 - \frac{100}{2}\right) \\ &= 608.59\text{kN} \cdot \text{m}\end{aligned}$$

【任务解答】

小　　结

(1) 钢筋混凝土梁的破坏形式有正截面破坏和斜截面破坏。

正截面破坏形态可分为三种：适筋截面的延性破坏，特点是受拉钢筋先屈服，而后受压区混凝土被压碎；超筋截面的脆性破坏，特点是受拉钢筋未屈服而受压混凝土先被压碎，其承载力取决于混凝土的抗压强度；少筋截面的脆性破坏，特点是受拉区开裂受拉钢筋就屈服，甚至进入硬化阶段，而受压区混凝土可能被压碎，也可能未被压碎，它的承载力取决于混凝土的抗拉强度。

斜截面破坏形态主要有斜压破坏、剪压破坏和斜拉破坏三种形式。这三种形态，在设计中都应避免。对于因箍筋配置过多而产生的斜压破坏，采用限制截面最小尺寸的办法来预防；对于因箍筋配置过少而产生的斜拉破坏，采用满足最小配箍率及一些构造措施来预防；对于剪压破坏，梁的斜截面抗剪能力变化幅度较大，必须通过计算，使构件满足斜截面的抗剪承载力，以防止剪压破坏。

(2) 影响正截面破坏形态的主要因素，对单筋矩形截面有纵向受拉钢筋配筋率、钢筋强度和混凝土强度；对双筋矩形截面还有受压钢筋配筋率这一重要因素；对T形截面则还有挑出的翼缘尺寸大小，这类似于双筋梁受压钢筋的作用。

影响斜截面破坏形态的主要因素有：剪跨比、配箍率、混凝土强度、纵向受拉钢筋配筋率。

(3) 在实际工程中，受弯构件应设计成适筋截面。适筋截面计算应力图形为：受压区采用等效矩形应力图，应力值取混凝土抗压强度设计值乘以系数 α_1，受拉钢筋应力达其抗拉强度设计值 f_y；当有受压钢筋时，受压钢筋应力达其抗压强度设计值 f'_y，按应力图形由轴向力以及弯矩平衡建立计算公式，适用条件对单筋截面为 $\xi \leq \xi_b$ 和 $\rho \geq \rho_{min}$，对双筋截面为 $\xi \leq \xi_b$ 和 $x \geq 2a'_s$。

(4) 承载力计算分为截面设计和截面复核两类问题。对正截面承载力来讲，对单筋矩形截面，截面设计时有 x 和 A_s 两个未知数；复核时有 x 和 M_u 两个未知数，可通过求解联立方程或利用表格求解。对双筋矩形截面，截面设计时有 A'_s 已知和未知两种情况。A'_s 已知时，有 x 和 A_s 两个未知数，可通过求解联立方程或利用表格求解；当 A'_s 为未知数时，为节省钢筋，补充条件 $\xi = \xi_b$ 后，则未知数 A_s 和 A'_s 较易求解。复核时仅有 x 和 M_u 两个未知数。对T形截面，截面设计和复核前，首先要进行判别属于哪一类T形梁。第一类T形梁相当于 b'_f 截面宽度 b'_f 的单筋矩形截面梁；第二类T形梁，其挑出的受压翼缘相当于双筋梁中的 A'_s 已知的情况。对斜截面承载力来讲，截面设计有只配箍筋、既配箍筋又配弯起钢筋两种情况。

(5) 钢筋混凝土结构设计除应进行承载能力极限状态计算外，还应根据结构构件的工作条件和使用要求，进行正常使用极限状态验算，以保证结构构件的适用性、美观性和耐久性。正常使用极限状态验算包括裂缝宽度验算及变形验算。在进行正常使用极限状态的计算中，荷载采用标准值，材料强度也采用标准值而不是设计值。

【想一想】

1-1　钢筋的品种有哪些？它的应用范围怎样？

1-2　混凝土结构对钢筋的要求是什么？

1-3　混凝土强度等级是根据什么确定的？《混凝土规范》规定混凝土强度等级有哪些？

1-4 什么是混凝土的徐变？徐变对混凝土构件有何影响？通常认为混凝土徐变的主要因素有哪些？如何减少徐变？徐变的意义何在？

1-5 什么是混凝土的收缩？混凝土收缩与哪些因素有关？如何减少收缩？收缩对混凝土构件有何影响？

1-6 什么是钢筋和混凝土之间的黏结力？主要由哪几部分组成？

1-7 建筑结构的功能要求是哪些？结构的可靠性与可靠度的含义分别是什么？

1-8 什么是结构的极限状态？结构的极限状态分为几类？其含义各是什么？

1-9 举例说明"作用"和"荷载"有什么区别？结构构件的抗力与哪些因素有关？

1-10 试说明材料强度标准值与设计值之间的关系。材料分项系数如何取值？

1-11 在外荷载作用下，受弯构件任一截面上存在哪些内力？受弯构件有哪两种可能的破坏？

1-12 钢筋混凝土受弯构件正截面有哪几种破坏？各自的破坏特点是什么？

1-13 试述梁斜截面受剪破坏的三种形态及破坏特征。

【练一练】

1-1 一矩形截面梁，截面尺寸 $b \times h = 250\text{mm} \times 700\text{mm}$，梁使用的材料是：混凝土为C20级，钢筋为HRB335级。构件安全等级为二级。当受拉区配有 4⌀25 的纵向钢筋时，试求此截面所能承受的设计弯矩。

1-2 一矩形截面梁，截面尺寸 $b \times h = 250\text{mm} \times 600\text{mm}$，梁使用的材料是：混凝土为C30级，钢筋为HRB335级。构件安全等级为二级，环境类别一类，承受设计弯矩165kN·m。试求此截面纵向受力钢筋。

1-3 承受均布荷载的简支梁，截面尺寸 $b = 200\text{mm}$，$h = 500\text{mm}$，$a_s = 35\text{mm}$，混凝土采用C20级，箍筋采用HPB300级，已知沿梁长配有双肢$\phi 8$的箍筋，箍筋间距为150mm。计算该截面受剪承载力。

1-4 某钢筋混凝土简支梁，截面尺寸 $b = 200\text{mm}$，$h = 500\text{mm}$，$a_s = 35\text{mm}$，混凝土采用C20级，箍筋采用HPB300级，承载剪力设计值 $V = 1.4 \times 10^5 \text{N}$，求所需受剪箍筋。

1-5 一钢筋混凝土矩形截面简支梁，采用C30级混凝土，纵向采用HRB335级，箍筋采用HPB235级(题图1-1)，如果忽略梁自重及架立钢筋的作用，环境类别为一类，试求此梁所能承受的最大均布荷载设计值P，并判断此时该梁为正截面破坏还是斜截面破坏。

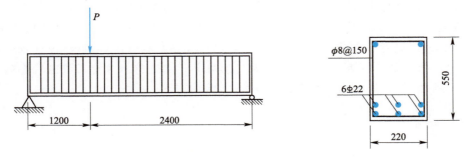

题图 1-1

1-6 混凝土简支梁，计算跨径 $l_0 = 7.2\text{m}$，截面尺寸 $b \times h = 250\text{mm} \times 500\text{mm}$，混凝土强度等级为C20 钢筋为HRB335，梁承受均布荷载，其中永久荷载标准值为 $g_k = 12\text{kN/m}$，$\varphi_q = 0.4$，包

含自重,可变荷载标准值为 $q_k=8kN/m$,纵向受拉钢筋为 4 根直径 20mm 的钢筋,一排布置,容许挠度值 $[f]=l_0/250$,试验算其跨中挠度是否满足要求。

1-7 数据同题 1-6,最大裂缝宽度极限值为 $\omega_{lim}=0.3mm$,试验算该梁最大裂缝宽度是否满足要求。

1-8 已知一简支梁,拟设计成矩形截面,$b \times h = 250mm \times 550mm$,拟采用 C25 的混凝土,HRB335 钢筋,梁的计算跨径为 $l_0=6.9mm$,均布荷载,永久荷载标准值 $g_k=15kN/m$,可变荷载标准值 $q_k=9kN/m$,可变荷载的准永久值系数为 0.5。试从承载力极限状态考虑,来配置此梁的钢筋,并从正常使用极限状态考虑该梁的最大挠度及最大裂缝宽度是否满足规范的要求。

1-9 已知一矩形截面简支梁,混凝土强度等级选用 C20,钢筋采用 HRB335 钢筋,受拉钢筋为 4Φ20,受压钢筋为 2Φ18,承受的弯矩设计值为 $M=360kN\cdot m$,环境类别为一类。试验算此截面承载力是否足够。

1-10 已知一双筋矩形截面梁,截面尺寸 $b \times h = 250mm \times 600mm$,梁使用的材料是:混凝土为 C30 级。钢筋为 HRB335 级,构件安全等级为二级,环境类别一类,承受设计弯矩 $365kN\cdot m$。试求此截面纵向受力钢筋。

1-11 如题图 1-2 所示的 T 形截面梁,混凝土为 C25 级,钢筋为 HRB335,构件安全等级为三级。试计算该梁所能承受的弯矩。

1-12 已知截面尺寸数据同题 1-11,混凝土为 C30 级,钢筋为 HRB400,构件安全等级为二级,承受设计弯矩 $355kN\cdot m$。试求此截面纵向受力钢筋。

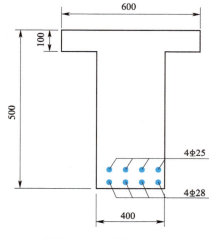

题图 1-2(尺寸单位:mm)

单元二

钢筋混凝土柱检算

学习项目一 轴心受压柱检算

任务一 柱的构造知识

【学习目标】
1. 掌握钢筋混凝土柱的构造要求;
2. 能合理地选用柱的截面尺寸与材料。

【任务概况】
请思考:轴心受压柱中配置纵向钢筋和箍筋有何意义?纵向钢筋和箍筋各有哪些构造要求?请在学习完以下知识后,给出答案。

承受轴向压力为主的构件通常称为柱。例如,桥梁结构中的桥墩、桩,多层和高层建筑中的框架柱、单层厂房柱、拱等。柱按其受力情况可分为轴心受压柱和偏心受压柱两种类型。当轴向压力的作用线通过柱的截面形心时,称为轴心受压柱,如图 2-1a) 所示;当轴向压力的作用线不通过柱的截面形心或在柱的截面上同时作用有通过截面形心的轴向压力和弯矩时,称为偏心受压柱,如图 2-1b)、c) 所示。

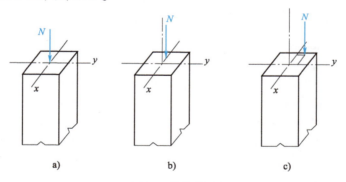

图 2-1 柱的类型

在实际工程结构中,钢筋混凝土偏心受压柱极为常见,而理想的轴心受压柱并不存在。例如:荷载作用位置偏差、制作尺寸不准确、混凝土的非均质性、钢筋位置的偏离等原因,使柱或多或少存在初始偏心。当偏心距小到在设计中可忽略不计时,如只承受节点荷载的桁架压杆、码头中的桩等结构,则可近似按轴心受压柱计算。

一 截面形式及尺寸

为便于制作模板,轴心受压柱截面一般采用方形或矩形,有时也采用圆形或多边形。偏心受压柱截面一般采用矩形,但为了节约混凝土和减轻柱的自重,特别是在装配式柱中,较大尺寸的柱常采用工字形截面或双肢截面。

对于矩形截面,截面的边长不宜小于 250mm。为了充分利用材料强度,避免柱过于细长而过多降低承载力,柱截面尺寸不宜过小,一般应符合 $l_0/b \leq 30$,$l_0/h \leq 25$,其中 l_0 为柱的计算长度,b 和 h 分别为截面短边和长边边长。

对于工字形截面,翼缘的厚度不宜小于 100mm,太薄会使柱过早出现裂缝;腹板的厚度不应小于 80mm,否则会使混凝土浇捣困难,对地震地区的工字形截面柱的腹板宜再加厚些。

此外,为了施工支模方便,柱的截面尺寸一般采用整数。柱截面尺寸在 800mm 及以下者宜取 50mm 的倍数,在 800mm 以上者宜取 100mm 的倍数。

二 材料强度要求

混凝土的强度等级对柱的承载能力影响较大。为了减小柱的截面尺寸,节省钢材,宜采用强度等级较高的混凝土,一般采用 C25、C30、C35、C40。对于高层建筑的底层柱,必要时可采用高强度等级的混凝土。

柱内纵向钢筋与混凝土共同受压时,钢筋不能充分发挥其高强度的作用(取 $f'_y \leq 400\text{N/mm}^2$),所以纵向钢筋不宜采用高强度钢筋,一般采用 HRB335、HRB400、HRBF400 级钢筋;箍筋一般采用 HPB300、HRB335 级,也可采用 HRB400 级钢筋。

三 纵向钢筋

轴心受压柱中的纵向钢筋应沿截面的四周均匀布置;偏心受压柱中的纵向钢筋应布置在偏心方向截面的两边。

为了减少钢筋的纵向弯曲,宜采用较粗的钢筋,故纵向钢筋的直径不宜小于 12mm,通常在 12~32mm 范围内选择。方形或矩形柱中的纵向钢筋根数不得少于 4 根,并且应为双数;圆形柱中的纵向钢筋根数不宜少于 8 根,且不应少于 6 根。偏心受压柱中当截面长边边长 $h \geq$ 600mm 时,在侧面应设置直径为 10~16mm 的纵向构造钢筋,并相应地设置复合箍筋或拉筋,见图 2-2a)。

纵向钢筋彼此间的中距不应大于 300mm,净距不应小于 50mm。

柱的纵向钢筋数量不能过少,否则破坏时呈脆性。对于钢筋混凝土柱全部纵向钢筋的配筋率,当钢筋强度等级低于 400MPa 时不应小于 0.6%;当钢筋强度等级为 400MPa 时不应小于 0.55%;当钢筋强度等级为 500MPa 时不应小于 0.5%;当混凝土强度等级大于 C60 时依次增加 0.1%;同时,一侧钢筋的配筋率不应小于 0.2%。另一方面,从经济、施工以及受力性能等方面来考虑,柱中全部纵向钢筋的配筋率也不宜过大,一般不宜超过 5%。

轴心受压柱、偏心受压柱全部纵向钢筋的配筋率以及各类构件一侧受压钢筋的配筋率应按构件全截面面积计算,即 $\rho' = A'_s/bh$。A'_s 为受压钢筋面积,$b \times h$ 为矩形截面全面积。

四 箍筋

为了能箍住纵筋,防止纵筋压曲,柱中箍筋应做成封闭式的,且沿柱纵向等距离放置。

(1)箍筋的直径不应小于 $d/4$(d 为纵向钢筋的最大直径),且不应小于 6mm。

(2)箍筋的间距(中距)$s \leq b$(柱截面的短边尺寸),且 $s \leq 400$mm。同时,在绑扎骨架中,$s \leq 15d$;在焊接骨架中,$s \leq 20d$(d 为纵向钢筋的最小直径)。

(3)当柱中全部纵向钢筋的配筋率超过 3% 时,箍筋直径不应小于 8mm,其间距 $s \leq 10d$(d 为纵向钢筋的最小直径),且 $s \leq 200$mm。

(4)当柱截面各边纵向钢筋多于 3 根时,应设置复合箍筋,以防止位于中间的纵向钢筋向外弯凸,如图 2-2b)所示,但当柱截面短边未超出 400mm 且各边纵向钢筋不多于 4 根时,可不设置复合箍筋。复合箍筋布置的原则是尽可能使每根纵向钢筋均处于箍筋的转角处,若纵向钢筋根数较多,允许纵向钢筋隔一根位于箍筋的转角处,如图 2-2a)所示。

对于截面形状复杂的柱,不可采用有内折角的箍筋,以免造成折角处混凝土崩裂,如图 2-2c)所示。

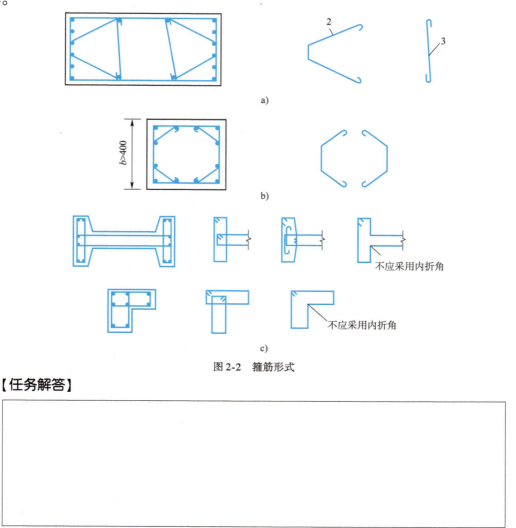

图 2-2 箍筋形式

【任务解答】

任务二 轴心受压柱正截面承载力检算

【学习目标】
了解配有普通箍筋和配有螺旋箍筋轴心受压柱的破坏特征,掌握轴心受压柱的检算方法。

【任务概况】
已知某现浇钢筋混凝土轴心受压柱,柱的计算长度 $l_0 = 5\text{m}$,截面尺寸为 300mm × 300mm,混凝土选用 C30 级,纵筋选用 HRB400 级钢筋,A'_s 选用 4⌀16($A'_s = 804\text{mm}^2$)。试计算该柱所能承受的轴向压力设计值。

请在学习完以下知识后,给出答案。

轴心受压柱按照箍筋配置方式不同,可分为两种类型:一是配有纵筋和普通箍筋的普通箍筋柱,如图 2-3a)所示;二是配有纵筋和螺旋箍筋或环式焊接箍筋的螺旋箍筋柱,如图 2-3b)、c)所示。

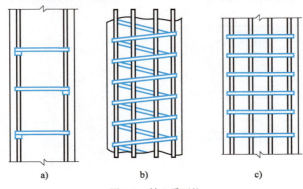

图 2-3 轴心受压柱
a)普通箍筋柱;b)螺旋箍筋柱;c)环式焊接箍筋柱

轴心受压柱中的纵筋能协助混凝土承担轴向压力,减少柱的截面尺寸;能承受因混凝土收缩变形、构件的温度变形及偶然偏心力产生的附加偏心弯矩,防止柱发生脆性破坏。箍筋能与纵筋形成骨架,防止纵筋受力后过早向外弯凸而失稳;当采用螺旋箍筋(或环式焊接箍筋)时还能约束核心混凝土,使核心混凝土处于三向受压状态,从而提高构件的承载力和延性。

一 普通箍筋柱

轴心受压柱可分为短柱和长柱两类。极限承载能力仅取决于横截面尺寸和材料强度的柱称为短柱。当柱的长细比较大时,由于初始偏心距的影响将引起侧向变形,而柱的承载力将受此侧向变形所产生的附加弯矩影响而降低,这类柱称为长柱。通常当柱的长细比满足以下要求时属于短柱,否则为长柱。

矩形截面柱:

$$\frac{l_0}{b} \leq 8$$

圆形截面柱:

$$\frac{l_0}{d} \leq 7$$

任意截面柱:

$$\frac{l_0}{i} \leq 28$$

式中:l_0——柱的计算长度;
b——矩形截面的短边尺寸;
d——圆形截面的直径;
i——任意截面的最小回转半径。

柱的计算长度与柱两端的支承情况有关,几种理想支承的柱计算长度如下:当两端铰支时,取 $l_0 = l$;当两端固定时,取 $l_0 = 0.5l$;当一端固定、一端铰支时,取 $l_0 = 0.7l$;当一端固定、一端自由时,取 $l_0 = 2l$,l 为柱的实际长度。

在实际工程结构中,柱的端部连接不会像上面几种情况那样理想、明确,故《混凝土规范》对单层工业厂房柱、露天吊车柱和栈桥以及多层框架柱等的计算长度 l_0 的取值做了明确规定。具体如下:

(1)一般多层房屋的钢筋混凝土框架柱,其计算长度可取为:

①现浇楼盖:

a. 底层柱: $l_0 = 1.0H$。

b. 其余各层柱: $l_0 = 1.25H$。

②装配式楼盖:

a. 底层柱: $l_0 = 1.25H$。

b. 其余各层柱: $l_0 = 1.5H$。

对底层柱,H 为基础顶面到一层楼盖顶面的距离;对其余各层柱,H 为相邻上、下两层楼盖顶面之间的距离。

(2)对单层厂房排架柱,多层房屋框架柱计算长度取值见《混凝土规范》有关规定。

1. 破坏形态分析

(1)短柱的破坏形态

试验表明,在轴心压力作用下,整个截面上的压应变基本上是均匀的,由于纵筋与混凝土之间存在黏结力,两者应变相同;当外荷载 N 很小时,混凝土和纵筋都处于弹性阶段,钢筋与混凝土的应力基本上按其弹性模量的比值来分配。当外荷载逐渐增加时,混凝土塑性变形也随之增加。当混凝土进入弹塑性阶段后,在同样荷载增量下,钢筋的压应力 σ'_s 将比混凝土压应力 σ_c 增长得快一些,产生了应力重分布。当达到构件极限荷载时,钢筋混凝土短柱的极限压应变大致与素混凝土棱柱体受压破坏时的极限压应变相同,即取 $\varepsilon_{cmax} = \varepsilon_u = 0.002$;混凝土应力达到棱柱体抗压强度 f_{ck},因钢筋屈服时的压应变小于混凝土破坏时的压应变,则钢筋将首先达到抗压屈服强度 f'_y。随后钢筋承担的压力 $f'_y A'_s$ 维持不变,而继续增加的荷载将全部由混凝土承担,直至混凝土被压碎。此类构件,钢筋和混凝土的抗压强度都得到了充分利用,其承载力公式为:

$$N \leqslant N_u = f'_y A'_s + f_c A \tag{2-1}$$

若采用高强度钢筋,在混凝土达到最大应力时,钢筋没有达到屈服强度,继续变形一段时间后,构件破坏。由于构件的压应变控制在 0.002 以内,即取 $\varepsilon_{cmax} = \varepsilon_u = 0.002$,破坏时钢筋的最大应力为 $\sigma_s = 0.002 \times 2 \times 10^5 = 400 \text{N/mm}^2$,对于低强度 HPB300、HRB335、HRB400 级钢筋已经能达到屈服强度,但对高强度钢筋在计算时 f'_y 值只能取 400N/mm^2,因此在柱内采用高强度钢筋作受压钢筋时,不能充分发挥其高强作用,是不经济的。所以,在轴心受压短柱中,不论受压钢筋在构件破坏时是否屈服,构件最终承载力都是由混凝土被压碎来控制的。临近破坏时,短柱四周出现明显的纵向裂缝,箍筋间的纵向钢筋发生压屈外鼓,呈灯笼状,混凝土被压碎,整个柱破坏,如图 2-4 所示。

(2)长柱的破坏形态

试验表明,对于长细比较大的长柱,各种偶然因素造成的初始偏心距离的影响是不可忽略的。由于初始偏心距的存在,加载后将产生附加弯矩,而附加弯矩所产生的侧向挠度又进一步加大了初始偏心距,最终使长柱在弯矩和轴力的共同作用下发生破坏。破坏时受压一侧往往产生较长的纵向裂缝,箍筋之间的纵向钢筋向外压曲,混凝土被压碎;而另一侧的混凝土被拉裂,在柱高度中部出现以一定间距分布的水平裂缝,如图 2-5 所示。

对于长细比很大的细长柱,还有可能发生非材料破坏,即失稳破坏。试验表明,长柱的破坏荷载 N_{uo}^l 低于其他相同条件短柱的破坏荷载 N_{uo}^s,且柱越细越长,破坏荷载数值越小。《混凝土规范》采用稳定系数 φ 来表示长柱受压承载力降低的程度,即 $\varphi = \dfrac{N_{uo}^l}{N_{uo}^s} < 1$。

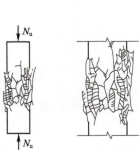

图 2-4 短柱的破坏形态

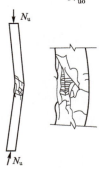

图 2-5 长柱的破坏形态

试验证明,稳定系数 φ 主要和构件的长细比有关,l_0/i 越大,φ 值越小。此外,混凝土强度等级、钢筋种类和配筋率对 φ 也略有影响,但一般在计算中不予考虑。当 $l_0/i \leqslant 28$ 时,柱的承载能力没有降低,φ 值可取 1.0。

《混凝土规范》对稳定系数的取值见表 2-1。

钢筋混凝土轴心受压构件的稳定系数 φ 表 2-1

l_0/b	≤8	10	12	14	16	18	20	22	24	26	28
l_0/d	≤7	8.5	10.5	12	14	15.5	17	19	21	22.5	24
l_0/i	≤28	35	42	48	55	62	69	76	83	90	97
φ	1.00	0.98	0.95	0.92	0.87	0.81	0.75	0.70	0.65	0.60	0.56
l_0/b	30	32	34	36	38	40	42	44	46	48	50
l_0/d	26	28	29.5	31	33	34.5	36.5	388	40	41.5	43
l_0/i	104	111	118	125	132	139	146	153	160	167	174
φ	0.52	0.48	0.44	0.40	0.36	0.32	0.29	0.26	0.23	0.21	0.19

2. 正截面承载力计算

根据以上分析,轴心受压柱截面应力如图 2-6 所示,考虑了稳定系数 φ 以后,可列出普通箍筋柱正截面承载力计算公式:

$$N \leqslant N_u = 0.9\varphi(f_c A + f_y' A_s') \tag{2-2}$$

式中:N——轴向压力设计值;

0.9——为保持与偏心受压构件正截面承载力计算具有相近的可靠度而乘的系数;

φ——轴心受压构件的稳定系数,可按表 2-1 取用;

f_c——混凝土抗压强度设计值;

A——构件的全截面面积,当纵筋配筋率 $\rho' \geqslant 3\%$ 时,式中的 A 应用 $(A - A_s')$ 代替;

f_y'——纵向钢筋的抗压强度设计值;

A_s'——全部纵向钢筋的截面面积。

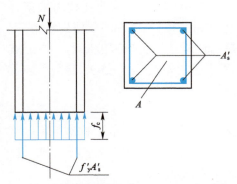

图 2-6 普通箍筋柱正截面受压承载力计算简图

轴心受压普通箍筋柱正截面承载力计算分为截面设计与截面复核两类问题。

【例 2-1】 已知某教学楼为多层现浇钢筋混凝土框架结构,楼层高 $H=6.5\text{m}$,底层中柱承受的轴向压力设计值 $N=1990\text{kN}$,混凝土选用 C25 级,纵筋选用 HRB335 级钢筋,箍筋选用 HPB300 级钢筋。试设计该柱。

解:

(1) 估算截面尺寸

先假定 $\rho'=1\%$,$\varphi=1.0$,则:

$$A \geqslant \frac{N}{0.9\varphi(f_c+f'_y\rho')} = \frac{1990\times10^3}{0.9\times1\times(11.9+300\times0.01)} = 148397\text{mm}^2$$

取 $b=400\text{mm}$,则 $A=400\times400\text{mm}^2$。

(2) 确定稳定系数 φ

$l_0=1.0H=6.5\text{m}$,$l_0/b=6500/400=16.25$,查表 2-1 得 $\varphi=0.863$。

(3) 计算 A'_s

$$A'_s \geqslant \frac{\dfrac{N}{0.9\varphi}-f_cA}{f'_y} = \frac{\dfrac{1990\times10^3}{0.9\times0.863}-11.9\times400\times400}{300} = 2194\text{mm}^2$$

(4) 选配钢筋

① 纵筋选用 $8 \underline{\Phi} 20$,$A'_s=2513\text{mm}^2$。

验算纵筋配筋率:

全部纵筋配筋率 $\rho'=\dfrac{A'_s}{A}=\dfrac{2513}{400\times400}=1.57\%$,$\rho_{\min}=0.6\%<\rho'<\rho_{\max}=5\%$,满足要求。

单侧纵筋配筋率 $\rho'=\dfrac{A'_s}{A}=\dfrac{3\times314.2}{400\times400}=0.59\%>\rho_{\min}=0.2\%$,满足要求。

② 箍筋选用双肢 $\phi6@300$。

采用绑扎骨架,直径满足不小于 $\dfrac{d}{4}=\dfrac{20}{4}=5\text{mm}$ 及不小于 6mm,间距不大于 400mm,且不大于 $15d=15\times20=300\text{mm}$。

截面配筋图如图 2-7 所示。

【例 2-2】 已知某钢筋混凝土轴心受压柱,柱高 $H=6.0\text{m}$,柱底固定,柱顶为不动铰支座,柱承受的轴向压力设计值 $N=1800\text{kN}$,混凝土选用 C20 级,纵筋选用 HRB335 级钢筋,箍筋选用 HPB300 级钢筋。试设计该柱。

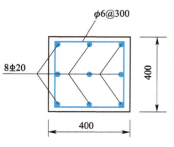

图 2-7 截面配筋图

解:

(1) 估算截面尺寸

先假定 $\rho'=1\%$,$\varphi=1.0$,则:

$$A \geqslant \frac{N}{0.9\varphi(f_c+f'_y\rho')} = \frac{1800\times10^3}{0.9\times1\times(9.6+300\times0.01)} = 158730\text{mm}^2$$

取 $b=400\text{mm}$,则 $A=400\times400\text{mm}^2$。

(2) 确定稳定系数 φ

$l_0=0.7H=0.7\times6.0=4.2\text{m}$,$l_0/b=4200/400=10.5$,查表 2-1 得:$\varphi=0.973$。

(3) 计算 A'_s

$$A'_s \geq \frac{\frac{N}{0.9\varphi} - f_c A}{f'_y} = \frac{\frac{1800 \times 10^3}{0.9 \times 0.973} - 9.6 \times 400 \times 400}{300} = 1732 \text{mm}^2$$

(4) 选配钢筋

纵筋选用 4⌀25,$A'_s = 1964\text{mm}^2$;箍筋选用双肢 $\phi 6@300$。

验算纵筋配筋率:

全部纵筋配筋率 $\rho' = \dfrac{A'_s}{A} = \dfrac{1964}{400 \times 400} = 1.23\%$,$\rho_{\min} = 0.6\% < \rho' < \rho_{\max} = 5\%$,满足要求。

单侧纵筋配筋率为 $0.62\% > 0.2\%$,满足要求。

截面配筋图如图 2-8 所示。

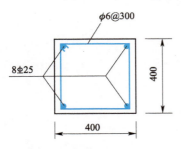

图 2-8 截面配筋图(尺寸单位:mm)

【例 2-3】 已知某现浇钢筋混凝土轴心受压柱,柱高 $H = 4.5\text{m}$,两端为不动铰支座,截面尺寸为 $250\text{mm} \times 250\text{mm}$,混凝土选用 C25 级,纵筋选用 HRB400 级钢筋,A'_s 选用 4⌀22 ($A'_s = 1256\text{mm}^2$)。试计算该柱所能承受的轴向压力设计值。

解:

(1) 验算纵筋配筋率

全部纵向钢筋 $\rho' = \dfrac{A'_s}{A} = \dfrac{1256}{250 \times 250} = 2.01\%$,$\rho_{\min} = 0.55\% < \rho' < \rho_{\max} = 5\%$,满足要求。

截面每侧有两根纵向钢筋,每侧纵向钢筋配筋率为 $1.01\% > 0.2\%$,满足要求。

(2) 确定稳定系数 φ

$l_0 = 1.0H = 4.5\text{m}$,$\dfrac{l_0}{b} = \dfrac{4500}{250} = 18$,查表 2-1 得:$\varphi = 0.81$。

(3) 计算轴向压力 N

$N \leq 0.9\varphi(f_c A + f'_y A'_s) = 0.9 \times 0.81 \times (11.9 \times 250 \times 250 + 360 \times 1256) = 871818\text{N} = 872\text{kN}$

螺旋箍筋柱

当柱承受的轴向压力很大而截面尺寸又受到限制时,若采用普通箍筋柱,即使提高混凝土强度等级和增加纵筋的数量也难以承受该荷载时,应考虑采用螺旋箍筋柱,以提高柱的承载能力。但螺旋箍筋柱用钢量较多,施工复杂,造价较高,一般很少采用。

1. 破坏形态分析

试验表明,混凝土柱在轴心压力作用下一般会产生横向变形。当横向变形受到约束时,混凝土的抗压强度将得到提高。因为普通箍筋柱中的箍筋间距较大,不能有效地约束混凝土受压时的横向变形,从而对提高混凝土的抗压强度作用不大。在螺旋箍筋柱中,沿柱高连续而密集的布置螺旋箍筋(或焊接环筋),当柱承受轴心压力作用时,纵筋屈服以后,螺旋箍筋外面的混凝土保护层开始剥落,从而混凝土受压面积减小,承载力略有下降。但由于螺旋箍筋箍住了核心混凝土,它就像一个套筒,如图 2-3b)、c)所示,将核心混凝土包住,限制了核心混凝土的横向变形,使其处于三向受压状态,从而提高了柱的承载能力和变形能力。随着荷载增大,螺旋箍筋的拉力增大,直到螺旋箍筋达到屈服,不能再约束核心混凝土的横向变形时,混凝土被压碎,构件破坏。破坏时承受轴向压力的混凝土截面面积只能计核心部分的面积,不计螺旋箍筋外围混凝土的面积。又因为这种柱是通过配置横向钢筋来间接地提高承载力的,所以也叫间接钢筋柱。

2. 正截面承载力计算

螺旋箍筋柱核心混凝土因受套筒作用而提高了混凝土的轴心抗压强度,同时为保持与偏心受压构件正截面承载力计算具有相近的可靠度,将承载力乘系数0.9。根据轴向压力的平衡,承载力公式为:

$$N \leq N_u = 0.9(f_c A_{cor} + f'_y A'_s + 2\alpha f_y A_{ss0}) \quad (2-3)$$

式中:A_{cor}——构件的核心截面面积(取箍筋内侧面积);

f_y——间接钢筋的抗拉强度设计值;

α——间接钢筋对混凝土约束的折减系数,当混凝土强度等级不超过C50时,取α=1.0;当混凝土强度等级为C80时,取$\alpha=0.85$,中间按直线内插法确定;

A_{ss0}——间接钢筋的换算截面面积,即按体积相等的条件把间接钢筋换算为沿柱轴线方向单位长度上相当的纵向钢筋的截面,即

$$A_{ss0} = \pi \frac{d_{cor} A_{ss1}}{s} \quad (2-4)$$

其中:d_{cor}——构件的核心直径;

A_{ss1}——螺旋式或焊接环式单根间接钢筋的截面面积。

从式(2-3)中可知,右边括号中第一项为核心混凝土无约束时的受压承载力,第二项为纵向钢筋的受压承载力,最后一项为受螺旋筋约束后核心混凝土提高的受压承载力。

为了保证间接钢筋外面的混凝土保护层在使用时不过早剥落,《混凝土规范》规定,按式(2-3)算得的螺旋箍筋柱的正截面受压承载力不超过按式(2-2)算得的普通箍筋柱的正截面受压承载力的1.5倍。同时,凡属下列情况之一的,不考虑间接钢筋的影响,而按普通箍筋柱式(2-2)计算构件承载力:

(1)当$l_0/d \geq 12$时,由于柱长细比较大,正截面承载力由于纵向弯曲而降低,使螺旋筋的作用不能发挥。

(2)按式(2-3)算得的正截面承载力小于按式(2-2)算得的正截面受压承载力时,因式(2-3)只考虑混凝土的核心截面面积A_{cor},当外围混凝土较厚时,核心面积相对较小,就会出现上述情况,这时就应按式(2-2)计算构件承载力。

(3)当间接钢筋的换算面积A_{ss0}小于纵向钢筋的全部截面面积的25%时,则认为间接钢筋配置太少,对混凝土的有效约束作用难以保证。

当计算中考虑间接钢筋的作用时,间接钢筋的间距s不应大于80mm及$d_{cor}/5$,为便于浇灌混凝土,间距s也不应小于40mm。

【例2-4】 已知某旅馆底层门厅内现浇圆形钢筋混凝土柱,柱的计算长度$l_0=4.2m$,直径$d=400mm$,$d_{cor}=350mm$,混凝土选用C30级,纵筋选用HRB335级钢筋,螺旋箍筋选用HPB300级钢筋,A'_s选用10Φ20($A'_s=3142mm^2$),螺旋箍筋直径$d=8mm$,间距为55mm。试计算该柱所能承受的最大轴心压力。

解:

(1)计算A_{ss0}

$$A_{ss0} = \pi \frac{d_{cor} A_{ss1}}{s} = \frac{3.14 \times 350 \times \frac{1}{4} \times 3.14 \times 8^2}{55} = 1005mm^2$$

(2)确定是否应考虑间接钢筋的影响

$$\frac{l_0}{d} = \frac{4200}{400} = 10.5 < 12$$

$$\frac{A_{ss0}}{A'_s} = \frac{1005}{3142} = 32\% > 25\%$$

所以,应考虑间接钢筋的影响。

(3)计算最大轴心压力 N_u

①螺旋箍筋柱的受压承载力 N_{u1}。

混凝土强度等级为 C30 不大于 C50,取 $\alpha = 1.0$。

$$N_{u1} = 0.9(f_c A_{cor} + f'_y A'_s + 2\alpha f_y A_{ss0})$$
$$= 0.9 \times (14.3 \times \frac{1}{4} \times 3.14 \times 350^2 + 300 \times 3142 + 2 \times 1.0 \times 270 \times 1005)$$
$$= 2574381 \text{N} = 2574 \text{kN}$$

②普通箍筋柱的受压承载力 N_{u2}。

$l_0/d = 4200/400 = 10.5 < 12$,查表 2-1,得 $\varphi = 0.95$。

$$N_{u2} = 0.9\varphi(f_c A + f'_y A'_s) = 0.9 \times 0.95 \times \left(\frac{14.3 \times 3.14 \times 400^2}{4} + 300 \times 3142\right)$$
$$= 2341571 \text{N} = 2342 \text{kN}$$

③确定最大轴心压力 N_u。

$$N_{u1} > N_{u2}, N_{u1} < 1.5 N_{u2} = 1.5 \times 2342 = 3513 \text{kN}$$

所以,最大轴心压力:$N_u = 2574 \text{kN}$。

【任务解答】

学习项目二 偏心受压柱检算

任务一 偏心受压柱的正截面破坏形态及其特征

【学习目标】

理解偏心受压柱正截面的两种破坏形态。

【任务概况】

请思考:偏心受压破坏分为哪两种类型?两类破坏有何本质区别?

请在学习完以下知识后,给出答案。

偏心受压短柱的破坏形态

试验表明,偏心受压短柱的破坏最后都是由于受压区混凝土被压碎而造成的,但是引起混凝土压碎的原因不同,其破坏特征也不相同。据此可将偏心受压短柱的破坏分为大、小偏心受压破坏两种破坏形态。

1. 大偏心受压破坏(受拉破坏)形态

当轴向压力的偏心距较大,且受拉钢筋的数量不太多时,此时,靠近轴向压力 N 的一侧受压,另一侧受拉。随着荷载的增加,首先在受拉区出现短的横向裂缝,随着荷载的继续增加,裂缝不断发展和加宽,在更大压力 N 的作用下,形成一条明显的主裂缝。临近破坏荷载时,受拉钢筋首先达到屈服,受拉区横向裂缝迅速开展,并向受压区延伸,使受压区高度迅速减小,混凝土压应力迅速增大,在压应力较大的混凝土受压边缘附近出现裂缝。当受压区边缘混凝土的应变达到其极限值,受压区混凝土被压碎,构件即告破坏。破坏时,若混凝土受压区不是过小,受压钢筋应力都可达到受压屈服强度,如图 2-9 所示。

由于其破坏是始于受拉钢筋先屈服,然后受压钢筋屈服,最后受压区混凝土被压碎而导致构件破坏,故又称为受拉破坏。这种破坏的过程和特征与适筋的双筋梁类似,有明显的破坏预兆,属塑性破坏。

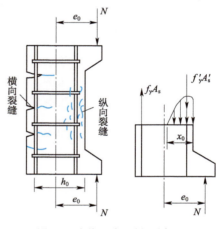

图 2-9 大偏心受压破坏形态

2. 小偏心受压破坏(受压破坏)形态

当轴向压力的偏心距较小或虽偏心距较大,但受拉钢筋数量较多时,构件将会发生小偏心受压破坏。破坏时,靠近轴向压力一侧的混凝土先被压碎,此种破坏包括以下三种情况:

(1)当偏心距很小时,构件全截面受压,靠近轴向压力一侧的压应力大于另一侧。随着荷载增大,压应力较大一侧的混凝土先被压碎,同时该侧受压钢筋也达到受压屈服强度;而另一侧的混凝土和钢筋在破坏时均未达到其相应的抗压强度,如图 2-10a)所示。当偏心距很小,靠近轴向压力一侧的钢筋数量又过多,而另一侧钢筋数量过少时,破坏也可能发生在距离轴向压力较远的一侧,如图 2-10b)所示。

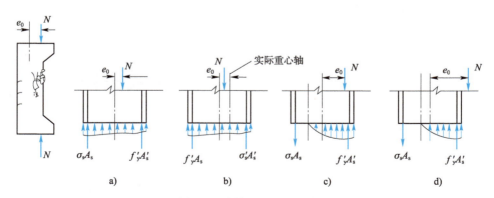

图 2-10 小偏心受压破坏形态

(2) **当偏心距较小时,截面大部分受压,小部分受拉**。但由于中性轴离受拉钢筋 A_s 很近,无论受拉钢筋数量多少,钢筋应力都很小,破坏总是发生在受压一侧。破坏时,混凝土被压碎,受压钢筋达到屈服强度。临近破坏时,受拉区混凝土横向裂缝开展得不明显,受拉钢筋也达不到屈服强度,如图 2-10c)所示。

这种破坏的过程和特征与超筋梁类似,破坏时无明显的破坏预兆,属脆性破坏。

(3) 当偏心距较大但受拉钢筋数量过多时,截面还是部分受压,部分受拉。但由于受拉钢筋配置过多,受拉钢筋应力达到屈服强度之前,受压区混凝土已先达到极限压应变而破坏,同时受压钢筋也达到抗压屈服强度,其破坏特征与超筋梁类似,破坏时无明显的破坏预兆,属脆性破坏,如图 2-10d)所示。

以上三种破坏情况的共同特征是:构件的破坏是由于受压区混凝土被压碎而造成的。破坏时,靠近轴向压力一侧的受压钢筋压应力一般均达到屈服强度,而另一侧的钢筋,不论是受拉还是受压,其应力均达不到屈服强度。受拉区横向裂缝不明显,也无明显主裂缝。纵向开裂荷载与破坏荷载很接近,压碎区段很长,破坏无明显预兆,属脆性破坏且混凝土强度等级越高,破坏越突然,故统称为受压破坏。

 偏心受压长柱的破坏形态

试验表明,钢筋混凝土柱在承受偏心压力后会产生纵向弯曲。对于短柱,由于纵向弯曲小,在设计时一般忽略不计;对于长柱则不同,它会产生比较大的纵向弯曲,设计时必须予以考虑。

偏心受压长柱在纵向弯曲影响下,可能发生两种形式的破坏。长细比很大时,构件的破坏不是由于材料引起的,而是由于构件纵向弯曲失去平衡引起的,称为"失稳破坏",因此,工程中应尽可能避免采用细长柱,因为其破坏具有突然性,且材料强度尚未充分发挥。当柱长细比在一定范围内时,由于柱的纵向弯曲引起了不可忽略的二阶弯矩,从而使柱的承载能力比同样截面的短柱减小,但就其破坏本质来讲,跟短柱破坏相同,属于"材料破坏"。

【任务解答】

任务二 偏心受压柱正截面承载力检算

【学习目标】

1. 掌握偏心受压柱正截面两种破坏形式的判别方法;
2. 掌握矩形截面偏心受压柱的检算方法。

【任务概况】

已知某钢筋混凝土框架柱,柱承受的轴向压力设计值 N = 320kN,柱端弯矩设计值 M_1 =

$-100\text{kN}\cdot\text{m}$,$M_2=300\text{kN}\cdot\text{m}$,截面尺寸为 $400\text{mm}\times450\text{mm}$,$a_s=a'_s=40\text{mm}$,柱的计算长度 $l_0=4\text{m}$,混凝土选用 C30 级,纵筋选用 HRB400 级钢筋。试采用对称方式配置该柱所需的纵筋。

请在学习完以下知识后,给出答案。

一、轴向压力的初始偏心距

在设计计算时,按照一般力学方法求得作用于截面上的弯矩 M 和轴向压力 N 后,即可求得荷载偏心距 e_0($e_0=M/N$)。

为考虑由于施工误差、计算偏差及材料的不均匀等因素造成的偏心,引入附加偏心距 e_a,即在正截面承载力计算中,偏心距取荷载偏心距 $e_0=M/N$ 与附加偏心距 e_a 之和,称为初始偏心距 e_i。

$$e_i=e_0+e_a$$

《混凝土规范》规定,e_a 取 20mm 和偏心方向截面尺寸的 1/30 两者中的较大值。

二、纵向弯曲的影响

偏心受压柱在轴向压力的作用下,将产生纵向弯曲(即侧向变形),从而使轴向压力的初始偏心距增大,截面上的弯矩相应也增大,即产生了附加弯矩继而导致柱的受压承载力降低。通常将这种情况称为偏心受压柱的挠曲效应(即 $P-\delta$ 效应)。

对于短柱,由于纵向弯曲小,在设计时一般不考虑 $P-\delta$ 效应。对于长柱,当长细比很大时,由于纵向弯曲柱失去平衡引起失稳破坏,故工程中很少采用;当长细比在一定范围内时,由于柱的纵向弯曲比较大,在设计时必须考虑 $P-\delta$ 效应。

(1)不考虑 $P-\delta$ 效应的条件

对于弯矩作用平面内截面对称的偏心受压柱,当同一主轴方向的柱端弯矩比 $M_1/M_2\leq 0.9$,且轴压比 $\dfrac{N}{f_cA}\leq 0.9$ 时,若柱的长细比满足:

$$\frac{l_0}{i}<\frac{34-12M_1}{M_2}$$

则可不考虑轴向压力在该方向产生的附加弯矩影响;否则应按截面的两个主轴方向分别考虑轴向压力产生的附加弯矩影响。

式中:M_1、M_2——已考虑侧移影响的偏心受压柱两端截面按弹性分析确定的对同一主轴的组合弯矩设计值;绝对值较大端为 M_2,绝对值较小端为 M_1,当柱按单曲率弯曲时[图2-11a)]取正值,否则取负值[图2-11b)];

l_0——柱的计算长度,可近似取偏心受压柱相应主轴方向上下支撑点之间的距离;

i——偏心方向的截面回转半径。

(2)考虑 $P-\delta$ 效应的情况:$C_m-\eta_{ns}$ 法

除排架柱外,其他偏心受压柱考虑轴向压力产生的 $P-\delta$ 效应后控制截面的弯矩设计值 $M=C_m\eta_{ns}M_2$,$C_m\eta_{ns}$ 小于 1.0 时取 1.0;对剪力墙及核心筒墙,可取 1.0。

柱端截面偏心距调节系数:

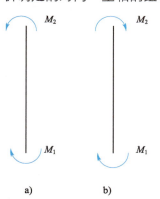

图2-11 柱端截面的弯矩设计值情况

$$C_{\mathrm{m}} = 0.7 + 0.3\frac{M_1}{M_2} \geqslant 0.7$$

弯矩增大系数：

$$\eta_{\mathrm{ns}} = 1 + \frac{1}{1300\left(\dfrac{M_2}{N+e_{\mathrm{a}}}\right)\bigg/h_0}\left(\frac{l_0}{h}\right)^2\xi_{\mathrm{c}}$$

其中：

$$\xi_{\mathrm{c}} = \frac{0.5f_{\mathrm{c}}A}{N}$$

（3）排架柱考虑$P-\delta$效应的情况

考虑$P-\delta$效应的排架柱：

$$M = \eta_{\mathrm{s}}M_0$$

$$\eta_{\mathrm{s}} = 1 + \frac{1}{1500e_{\mathrm{i}}/h_0}\left(\frac{l_0}{h}\right)^2\xi_{\mathrm{c}}$$

其中：

$$\xi_{\mathrm{c}} = \frac{0.5f_{\mathrm{c}}A}{N}$$

式中：M_0——一阶弹性分析柱端弯矩设计值；

ξ_{c}——截面曲率修正系数；当$\xi_{\mathrm{c}}>1$时，取$\xi_{\mathrm{c}}=1$；

e_{i}——初始偏心距，$e_{\mathrm{i}} = e_0 + e_{\mathrm{a}}$；

e_0——轴向压力对截面重心的偏心距；

e_{a}——附加偏心距；

l_0——排架柱的计算长度。

三 区分大、小偏心受压破坏形态的界限

由试验结果分析可知，在大偏心受压破坏时，受拉钢筋应力能达到抗拉屈服强度，而小偏心受压破坏时不能，那么理论上在大、小偏心受压破坏之间必然存在着一种界限状态，称为界限破坏。即当受拉钢筋达到屈服应变ε_{y}时，受压区边缘混凝土达到极限压应变$\varepsilon_{\mathrm{cu}}$，受压区高度$x_{\mathrm{cb}}$，这种特殊状态称为区分大小偏心受压破坏形态的界限。在界限破坏下，构件在受拉钢筋屈服的同时，受压区边缘混凝土达到极限压应变值而被压碎。此时受拉区已有较明显的横向主裂缝，混凝土压碎区段的范围介于大、小偏心受压破坏之间。界限破坏可作为区分大小偏心受压破坏的界限。

大、小偏心受压之间的根本区别是：截面破坏时受拉钢筋是否屈服，即受拉钢筋的应变是否超过屈服应变$\varepsilon_{\mathrm{y}} = f_{\mathrm{y}}/E_{\mathrm{s}}$。

试验表明：当$x_{\mathrm{c}}<x_{\mathrm{cb}}$时，为大偏心受压破坏，受拉钢筋的应变$\varepsilon_{\mathrm{s}}>\varepsilon_{\mathrm{y}}$；当$x_{\mathrm{c}}>x_{\mathrm{cb}}$时，为小偏心受压破坏，受拉钢筋的应变分别为$\varepsilon_{\mathrm{s}}<\varepsilon_{\mathrm{y}}$和$\varepsilon_{\mathrm{x}}=0$。

《混凝土规范》规定，当混凝土受压区相对高度$\xi\leqslant\xi_{\mathrm{b}}$时，截面为大偏心受压破坏；当$\xi>\xi_{\mathrm{b}}$时，截面为小偏心受压破坏。

当刚开始不能按式$\xi\leqslant\xi_{\mathrm{b}}$来判断截面是大偏心受压破坏还是小偏心受压破坏时，需用其他近似方法予以初步判断。根据分析可知，在一般情况下，当$e_{\mathrm{i}}\geqslant 0.3h_0$时，可先按大偏心受压

情况计算;当 $e_i < 0.3h_0$ 时,可先按小偏心受压情况计算。最后计算出 ξ,重新判别大小偏心结果。若判别大小偏心结果同前述假定不符,则需重新计算。

四 矩形截面偏心受压柱正截面的承载力计算公式

由于偏心受压柱正截面破坏特征与梁正截面破坏特征是类似的,故其正截面受压承载力计算仍采用了与梁正截面承载力计算相同的基本假定,混凝土压应力图形也采用等效矩形应力分布图形,其强度为 $\alpha_1 f_c$,混凝土受压区计算高度 $x = \beta_1 x_c$,α_1 和 β_1 的取值同前。

1. 大偏心受压柱($\xi \leq \xi_b$)

(1) 计算公式

当截面为大偏心受压破坏时,在承载能力极限状态下,截面的实际应力图形和计算应力图形分别如图 2-12a)、b) 所示。受拉区混凝土退出工作,全部拉力由钢筋承担,受拉钢筋应力达到其抗拉设计强度 f_y;受压区混凝土应力达到 $\alpha_1 f_c$,一般情况下,受压钢筋能达到其抗压设计强度 f'_y。根据如图 2-12b) 所示的计算应力图形,由力和力矩的平衡条件,可以得到以下基本计算公式:

$$N \leq N_u = \alpha_1 f_c bx + f'_y A'_s - f_y A_s \tag{2-5}$$

对受拉钢筋合力点取矩,得:

$$Ne \leq N_u e = \alpha_1 f_c bx \left(h_0 - \frac{x}{2}\right) + f'_y A'_s (h_0 - a'_s) \tag{2-6}$$

式中:e——轴向压力作用点至受拉钢筋 A_s 合力点之间的距离,$e = e_i + \frac{h}{2} - a_s$;

x——混凝土受压区计算高度。

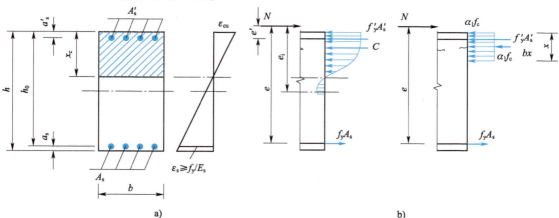

图 2-12 大偏心受压计算图形
a) 截面应变分布和应力分布;b) 等效应力图形

(2) 适用条件

为了保证截面为大偏心受压破坏,破坏时受拉钢筋应力能达到其屈服强度,必须满足下列条件:

$$\xi \leq \xi_b \tag{2-7a}$$

或

$$x \leq x_b = \xi_b h_0 \tag{2-7b}$$

为保证截面破坏时,受压钢筋应力能达到其抗压设计强度,和双筋梁相同,要求满足:

$$x \geq 2a'_s \tag{2-8}$$

当 $x<2a'_s$ 时,说明受压钢筋未屈服,仿照双筋受弯构件的办法,取 $x=2a'_s$,对受压钢筋 A'_s 合力点取矩,得:

$$Ne' \leqslant N_u e' = f_y A_s (h_0 - a'_s) \tag{2-9}$$

$$e' = e_i - \frac{h}{2} + a'_s \tag{2-10}$$

2. 小偏心受压柱($\xi > \xi_b$)

(1) 计算公式

对小偏心受压构件,截面可能大部分受压、小部分受拉,如图 2-13a) 所示,也可能全截面受压,如图 2-13b) 所示。靠近轴向压力 N 作用的一侧混凝土先被压碎,受压钢筋 A'_s 的应力达到屈服强度 f'_y,而另一侧钢筋 A_s 可能受拉或受压,但均不屈服。计算时,受压区混凝土应力图形仍简化为等效矩形图形。由图 2-13a)、b) 及力和力偶平衡条件可得:

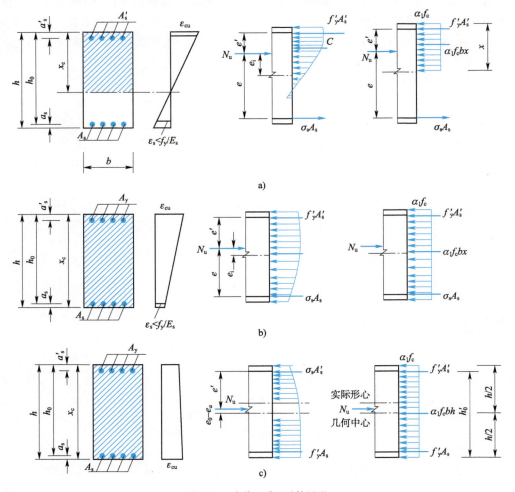

图 2-13 小偏心受压计算图形
a) A_s 受拉不屈服;b) A_s 受压不屈服;c) A_s 受压屈服

$$N \leqslant N_u = \alpha_1 f_c bx + f'_y A'_s - \sigma_s A_s \tag{2-11}$$

$$Ne \leqslant N_u e = \alpha_1 f_c bx \left(h_0 - \frac{x}{2}\right) + f'_y A'_s (h_0 - a'_s) \tag{2-12}$$

或

$$Ne' \leqslant N_u e' = \alpha_1 f_c bx\left(\frac{x}{2} - a'_s\right) - \sigma_s A_s (h_0 - a'_s) \tag{2-13}$$

式中：x——受压区计算高度，当 $x > h$，取 $x = h$；

e、e'——轴向压力作用点至受拉钢筋 A_s 合力点和受压钢筋 A'_s 合力点之间的距离，即

$$e = e_i + \frac{h}{2} - a_s \tag{2-14}$$

$$e' = \frac{h}{2} - e_i - a'_s \tag{2-15}$$

σ_s——远离偏心力一侧纵向钢筋 A_s 的应力值，以受拉为正，其值按公式(2-16)确定：

$$\sigma_s = \frac{\xi - \beta_1}{\xi_b - \beta_1} f_y = \frac{x - \beta_1 h_0}{\xi_b h_0 - \beta_1 h_0} f_y \tag{2-16}$$

式中：β_1——系数，当混凝土强度等级不超过 C50 时，β_1 取 0.8，当混凝土强度等级为 C80 时，β_1 取 0.74，其间按线性内插法确定。

σ_s 值应满足条件：$-f'_y \leqslant \sigma_s \leqslant f_y$。

当 $\sigma_s = -f'_y$，且 $f'_y = f_y$ 时，可得 $\xi = 2\beta_1 - \xi_b$。故当 $\xi \geqslant 2\beta_1 - \xi_b$ 时，钢筋应力 σ_s 达到抗压屈服强度 f'_y。

（2）适用条件

小偏心受压破坏计算公式的适用条件为：

① $\xi > \xi_b$ 或 $x > \xi_b h_0$。

② $x \leqslant h$，因为混凝土受压区高度不可能超过截面高度。

③ $-f'_y \leqslant \sigma_s \leqslant f_y$。

对小偏心受压构件，一般情况下，破坏发生在靠近轴向压力 N 一侧，称为正向破坏；但当轴向压力 N 很大、偏心距 e_0 很小（一般当 $N \geqslant \alpha_1 f_c bh$，$e_0 \leqslant 0.15 h_0$ 时），且 A_s 的数量又较少时，破坏有可能发生在离轴向压力较远一侧，称为反向破坏。承载力计算时，除按上述正向破坏计算外，还应对反向破坏进行验算。

根据如图 2-13c)所示截面应力图，对 A'_s 取矩得：

$$Ne' \leqslant N_u e' = \alpha_1 f_c bh\left(h'_0 - \frac{h}{2}\right) + f'_y A_s(h'_0 - a_s) \tag{2-17}$$

式中：h'_0——A'_s 合力点至离轴向压力较远一侧边缘的距离，即 $h'_0 = h - a_s$；

e'——轴向压力作用点至受压钢筋 A'_s 合力点之间的距离，即

$$e' = \frac{h}{2} - a'_s - (e_0 - e_a)$$

如果式(2-17)不满足，则应增加 A_s 的用量。

3. 矩形截面对称配筋的计算方法

在实际工程中，常见的单层厂房排架柱、多层房屋框架柱等偏心受压构件，在不同荷载组合下，柱子可能承受变号弯矩，在变号弯矩作用下，截面的纵向钢筋也将变号，受拉变成受压，受压变成受拉。因此，当按对称配筋设计，求出的纵筋总量比按不对称设计求出的纵筋总量增加不多时，为便于设计和施工，截面常采用对称配筋。此外，为了保证吊装不出差错，装配式柱一般也宜采用对称配筋。对称配筋的计算也包括截面设计和截面复核两部分内容。

在对称配筋时，只要在非对称配筋计算公式中令 $f_y = f'_y$，$A_s = A'_s$，$a_s = a'_s$，则：

$$N_u = \alpha_1 f_c bx \qquad (2\text{-}18)$$

五、矩形截面偏心受压柱正截面承载力计算

1. 对称配筋偏心受压柱的配筋计算

已知：截面尺寸 b、h，材料强度 f_c、f_y，外部荷载效应 M_1、M_2、N，计算长度 l_0，试配筋。

2. 对称配筋偏心受压柱的承载力计算

(1) 已知：截面尺寸 b、h，材料强度 f_c、f_y，纵向钢筋截面面积 A_s、A'_s（$A_s = A'_s$），外部荷载效应 N。试计算 M。

(2) 已知：截面尺寸 b、h，材料强度 f_c、f_y，纵向钢筋截面面积 A_s、A'_s（$A_s = A'_s$），外部荷载效应 M_1、M_2、N。试验算截面是否能承受该轴向压力 N 值。

【例 2-5】 已知某钢筋混凝土偏心受压柱，柱承受的轴向压力设计值 $N = 500\text{kN}$，柱端较大弯矩设计值 $M_2 = 380\text{kN}\cdot\text{m}$，截面尺寸为 $400\text{mm} \times 450\text{mm}$，$a_s = a'_s = 40\text{mm}$，柱的计算长度 $l_0 = 5\text{m}$，混凝土选用 C30 级，纵筋选用 HRB400 级钢筋。试采用对称方式配置该柱所需的纵筋（按两端弯矩相等 M_1/M_2 的框架柱考虑）。

解：

$$h_0 = h - a_s = 450 - 40 = 410\text{mm}$$

(1) 确定 M

因 $M_1/M_2 = 1$，故需考虑附加弯矩的影响。

$$C_m = 0.7 + 0.3\frac{M_1}{M_2} = 1$$

$$e_a = \left\{\frac{h}{30}, 20\text{mm}\right\}_{max} = \left\{\frac{450}{30}\text{mm}, 20\text{mm}\right\}_{max} = 20\text{mm}$$

$$\xi_c = \frac{0.5 f_c A}{N} = \frac{0.5 \times 14.3 \times 400 \times 450}{500 \times 10^3} = 2.57 > 1，取 \xi_c = 1.0。$$

$$\eta_{ns} = 1 + \frac{1}{1300\left(\dfrac{M_2}{N+e_a}\right)/h_0}\left(\frac{l_0}{h}\right)^2 \xi_c$$

$$= 1 + \frac{1}{1300 \times (380 \times 10^6/500000 + 20)/410} \times \left(\frac{5000}{450}\right)^2 \times 1.0 = 1.05$$

$$M = C_m \eta_{ns} M_2 = 1 \times 1.05 \times 380 = 399\text{kN}\cdot\text{m}$$

(2) 判别大、小偏心

$$x = \frac{N}{\alpha_1 f_c b} = \frac{500 \times 10^3}{1.0 \times 14.3 \times 400} = 87.4\text{mm} < x_b = \xi_b h_0 = 0.518 \times 410 = 212.38\text{mm}$$

故属于大偏心受压，且 $x = 87.4\text{mm} > 2a'_s = 2 \times 40 = 80\text{mm}$。

(3) 计算 A_s、A'_s

$$e_0 = \frac{M}{N} = \frac{399 \times 10^6}{500 \times 10^3} = 798\text{mm}$$

$$e_i = e_0 + e_a = 798 + 20 = 818\text{mm}$$

$$e = e_i + \frac{h}{2} - a_s = 818 + \frac{450}{2} - 40 = 1003\text{mm}$$

$$A'_s = A_s = \frac{Ne - \alpha_1 f_c bx\left(h_0 - \frac{x}{2}\right)}{f'_y(h_0 - a'_s)}$$

$$= \frac{500 \times 10^3 \times 1003 - 1.0 \times 14.3 \times 400 \times 87.4 \times \left(410 - \frac{87.4}{2}\right)}{360 \times (410 - 40)}$$

$$= 2390\text{mm}^2$$

(4) 选配钢筋

纵筋每侧各选用 5⊕25,$A'_s = A_s = 2454\text{mm}^2$。

验算纵筋配筋率：

全部纵筋配筋率：$\rho = \dfrac{A_s + A'_s}{bh} = \dfrac{2454 \times 2}{400 \times 450} = 2.72\%$,$\rho_{\min} = 0.55\% < \rho < \rho_{\max} = 5\%$

满足要求。

单侧纵筋配筋率：$\rho' = \dfrac{A'_s}{bh} = \dfrac{2454}{400 \times 450} = 1.36\% > \rho'_{\min} = 0.2\%$

满足要求。

【例 2-6】 已知一钢筋混凝土偏心受压柱,柱承受的轴向压力设计值 $N = 750\text{kN}$,截面尺寸为 $400\text{mm} \times 500\text{mm}$,$a_s = a'_s = 40\text{mm}$,柱的计算长度 $l_0 = 4\text{m}$,混凝土选用 C30 级,纵筋选用 HRB400 级钢筋,对称配筋每侧选用 5⊕20,安全等级二级,环境类别一类。试求该柱所能承受的弯矩设计值(提示:该柱为短柱,不考虑长细比的影响)。

解：

$$h_0 = h - a_s = 500 - 40 = 460\text{mm}$$

(1) 验算纵筋配筋率

全部纵筋配筋率：$\rho = \dfrac{A_s + A'_s}{bh} = \dfrac{1570 \times 2}{400 \times 500} = 1.57\%$,$\rho_{\min} = 0.55\% < \rho < \rho_{\max} = 5\%$

满足要求。

单侧纵筋配筋率：$\rho' = \dfrac{A'_s}{bh} = \dfrac{1570}{400 \times 500} = 0.785\% > \rho'_{\min} = 0.2\%$

满足要求。

(2) 判别大、小偏心

$$x = \frac{N}{\alpha_1 f_c b} = \frac{750 \times 10^3}{1.0 \times 14.3 \times 400} = 131.1\text{mm} < x_b = \xi_b h_0 = 0.518 \times 460 = 238.3\text{mm}$$

故属于大偏心受压,且 $x = 131.1\text{mm} > 2a'_s = 2 \times 40 = 80\text{mm}$。

(3) 确定 M

$$e = \frac{\alpha_1 f_c bx\left(h_0 - \dfrac{x}{2}\right) + f'_y A'_s(h_0 - a'_s)}{N}$$

$$= \frac{1.0 \times 14.3 \times 400 \times 131.1 \times \left(460 - \dfrac{131.1}{2}\right) + 360 \times 1570 \times (460 - 40)}{750 \times 10^3}$$

$$= 710.9\text{mm}$$

$$e_i = e - \frac{h}{2} + a_s = 710.9 - \frac{500}{2} + 40 = 500.9\text{mm}$$

$$e_a = \left\{\frac{h}{30}, 20\text{mm}\right\}_{\max} = \left\{\frac{500}{30}\text{mm}, 20\text{mm}\right\}_{\max} = 20\text{mm}$$

$$e_0 = e_i - e_a = 500.9 - 20 = 480.9\text{mm}$$

$$M = Ne_0 = 750 \times 10^3 \times 480.9 = 360.7\text{kN} \cdot \text{m}$$

【例2-7】 已知某钢筋混凝土偏心受压柱,柱承受的轴向压力设计值 $N=254$kN,柱顶截面弯矩设计值 $M_1 = 122$kN·m,柱底截面弯矩设计值 $M_2 = 135$kN·m,柱挠曲变形为单曲率。截面尺寸为 $300\text{mm} \times 400\text{mm}$, $a_s = a'_s = 50\text{mm}$,柱的计算长度 $l_0 = 3.5\text{m}$,混凝土选用C30级,纵筋选用HRB400级钢筋,受压钢筋 A'_s 选用 3⊉16($A'_s = 603\text{mm}^2$),受拉钢筋 A_s 选用 4⊉20($A_s = 1256\text{mm}^2$)。试验算该柱是否能够满足承载力的要求。

解:

$$h_0 = h - a_s = 400 - 50 = 350\text{mm}$$

(1) 确定 M

因 $\frac{M_1}{M_2} = \frac{122}{135} = 0.904 > 0.9$,故需考虑附加弯矩的影响。

$$C_m = 0.7 + 0.3\frac{M_1}{M_2} = 0.7 + 0.3 \times 0.904 = 0.971$$

$$e_a = \left\{\frac{h}{30}, 20\text{mm}\right\}_{\max} = \left\{\frac{400}{30}\text{mm}, 20\text{mm}\right\}_{\max} = 20\text{mm}$$

$$\xi_c = \frac{0.5f_cA}{N} = \frac{0.5 \times 14.3 \times 300 \times 400}{254 \times 10^3} = 3.38 > 1,\text{取}\xi_c = 1.0。$$

$$\eta_{ns} = 1 + \frac{1}{1300\left(\dfrac{M_2}{N+e_a}\right)/h_0} \times \left(\frac{l_0}{h}\right)^2 \xi_c$$

$$= 1 + \frac{1}{1300 \times (135 \times 10^6/254000 + 20)/350} \times \left(\frac{3500}{400}\right)^2 \times 1.0 = 1.04$$

$$M = C_m\eta_{ns}M_2 = 0.971 \times 1.04 \times 135 = 136.33\text{kN} \cdot \text{m}$$

(2) 判别大、小偏心

$$e_0 = \frac{M}{N} = \frac{136.33 \times 10^6}{254 \times 10^3} = 537\text{mm}$$

$$e_i = e_0 + e_a = 537 + 20 = 557\text{mm} > 0.3h_0 = 0.3 \times 350 = 105\text{mm}$$

故初步判别为大偏心受压。

(3) 计算 N

$$e = e_i + \frac{h}{2} - a_s = 557 + \frac{400}{2} - 50 = 707\text{mm}$$

由 $\begin{cases} N_u = 1 \times 1.43 \times 300x + 360 \times 603 - 360 \times 1256 \\ N_u \times 707 = 1 \times 14.3 \times 300x\left(350 - \dfrac{x}{2}\right) + 360 \times 603(350 - 50) \end{cases}$

得 $x = 128.065\text{mm} < x_b = \xi_bh_0 = 181.3\text{mm}$, $N_u = 314.34\text{kN} \cdot \text{m} > 254\text{kN}$。

故该柱能够满足承载力的要求。

【任务解答】

小　　结

(1) 配有普通箍筋的轴心受压柱,在破坏时混凝土达到极限压应变,应力达到轴心抗压强度设计值 f_c,纵向钢筋达到抗压强度设计值 f'_y(但 $f'_y \leqslant 400\text{N/mm}^2$)。配有螺旋箍筋的轴心受压柱,由于螺旋箍筋对核心混凝土的约束,从而提高了柱的承载力和变形性能。

(2) 纵向弯曲将降低长柱的承载力,因而在轴心受压柱的计算中引入稳定系数 φ,在偏心受压柱的计算中引入弯矩增大系数 η_{ns} 来考虑其影响。

(3) 偏心受压柱正截面破坏形态有两种:受拉破坏(大偏心受压破坏)和受压破坏(小偏心受压破坏)。

(4) 根据受压区高度 x 正确判别大、小偏心受压两种破坏形态:
当 $x \leqslant \xi_b h_0$ 时,构件为大偏心受压;当 $x > \xi_b h_0$ 时,构件为小偏心受压。但在截面计算时因 x 未知,可采用以下两种判别办法。

① 用 e_i 来判别。$e_i < 0.3h_0$,属小偏心受压破坏;$e_i \geqslant 0.3h_0$,不能确定,一般先按大偏心受压破坏进行计算,求出 x 后,如果 $x \leqslant \xi_b h_0$,说明判别正确,计算有效;如果 $x > \xi_b h_0$,说明判别错误,应改按小偏心受压破坏重新计算。

② 对称配筋时,可用 x 判别:当 $x = \dfrac{N}{\alpha_1 f_c b} \leqslant \xi_b h_0$ 时,属于大偏心受压破坏;反之,属于小偏心受压破坏。

(5) 矩形截面偏心受压柱正截面承载力计算时,应根据不同的破坏形态,采用相应的计算图形。在大偏心受压时,受压钢筋和受拉钢筋都达到屈服;在小偏心受压时,靠近轴向压力一侧的钢筋屈服,远离轴向压力一侧的钢筋无论受拉还是受压,一般都不屈服。

【想一想】

2-1　钢筋混凝土柱截面形式及尺寸方面有哪些构造要求?

2-2　钢筋混凝土柱材料方面有哪些构造要求?

2-3　纵向钢筋和箍筋在钢筋混凝土柱中的作用和构造要求如何?

2-4　配有纵筋和箍筋的短柱受力分析和破坏形态如何?对于长细比较大的配有纵筋和箍筋的柱子受力分析和破坏形态又如何?

2-5　为什么说"长柱的破坏荷载低于其他相同条件短柱的破坏荷载,长细比越大,其承载能力降低越多?"

2-6 何谓稳定系数?其作用如何?影响稳定系数的因素有哪些?

2-7 配置螺旋箍筋的钢筋混凝土柱承载力提高的原因是什么?

2-8 什么情况下可考虑采用螺旋箍筋或焊接环筋?

2-9 偏心受压破坏分为哪两种类型?两类破坏有何本质区别?其判别的界限条件是什么?

2-10 什么是对称配筋?有何优点?

【练一练】

2-1 已知某现浇多层钢筋混凝土框架结构,柱高 $H=6.4\text{m}$,底层中柱承受的轴向压力设计值 $N=2450\text{kN}$(包括自重),截面尺寸为 400mm×400mm,混凝土选用 C30 级,纵筋选用 HRB400 级钢筋,箍筋选用 HPB300 级钢筋。试配置该柱所需的纵筋及箍筋。

2-2 已知某钢筋混凝土轴心受压柱,柱的计算长度 $l_0=4.8\text{m}$,截面尺寸为 350mm×350mm,混凝土选用 C25 级,纵筋选用 HRB400 级钢筋,A'_s 选用 8⌀25。试求该柱所能承受的轴向压力设计值。

2-3 已知某钢筋混凝土框架柱,柱承受的轴向压力设计值 $N=480\text{kN}$,柱端弯矩设计值 $M=368.2\text{kN}\cdot\text{m}$,截面尺寸为 400mm×450mm,$a_s=a'_s=40\text{mm}$,混凝土选用 C30 级,纵筋选用 HRB400 级钢筋。试采用对称方式配置该柱所需的纵筋(提示:该框架柱为短柱,不考虑长细比的影响)。

2-4 已知某钢筋混凝土偏心受压柱,柱承受的轴向压力设计值 $N=400\text{kN}$,截面尺寸为 400mm×500mm,$a_s=a'_s=40\text{mm}$,柱的计算长度 $l_0=4\text{m}$,混凝土选用 C30 级,纵筋选用 HRB400 级钢筋,对称配筋每侧选用 5⌀20。试求该柱所能承受的弯矩设计值(提示:该柱为短柱,不考虑长细比的影响)。

2-5 已知某钢筋混凝土偏心受压柱,轴向压力的偏心距 $e_0=400\text{mm}$,截面尺寸为 500mm×700mm,$a_s=a'_s=40\text{mm}$,柱的计算长度 $l_0=12\text{m}$,混凝土选用 C35 级,纵筋选用 HRB400 级钢筋,对称配筋每侧选用 4⌀25。试求该柱所能承受的轴向压力设计值(提示:该柱为短柱,不考虑长细比的影响)。

单元三
预应力混凝土

学习项目一　先张法施工

任务一　预应力混凝土的基本知识

【学习目标】
1. 掌握预应力混凝土的基本概念；
2. 理解预应力混凝土的基本原理；
3. 区分预应力混凝土结构与普通混凝土结构的优缺点；
4. 了解预应力混凝土结构的分类；
5. 熟悉预应力混凝土结构对材料的要求。

【任务概况】
分析预应力混凝土构件的基本工作原理。
请在学习完以下知识后，给出答案。

由于混凝土具有抗拉强度低、抗压强度高的特点，因此，在钢筋混凝土构件中通常是用钢筋来代替混凝土承受拉力的。但是，又由于混凝土的极限拉应变也很小，与钢筋相差较大，如果要求钢筋混凝土构件在使用时不开裂，则钢筋的拉应力只能达到较低的水平，再伸长就要出现裂缝。即使允许开裂，当裂缝宽度限制在规范允许的范围内时，钢筋拉应力也不能充分发挥。

由于混凝土抗拉性能很差，使钢筋混凝土存在两个方面的问题。一是需要带裂缝工作，裂缝的存在，不仅使构件刚度下降很多，而且不能应用于不允许开裂的结构中；二是从保证结构耐久性出发，必须限制裂缝开展宽度，这就使高强度钢筋无法在钢筋混凝土结构中充分发挥其作用，相应地也不可能充分发挥高强度等级混凝土的作用。因此，当需要结构承受较大荷载的时候，就只有靠增加钢筋混凝土构件的截面尺寸或增加钢筋用量的方法来控制构件的裂缝和变形。这样做必然使构件的自重增加，既不经济，也不美观。特别是随着跨径的增大，自重的比例也增大，因而使钢筋混凝土结构的使用范围受到很大的限制。为了使钢筋混凝土结构能得到进一步的发展，就必须解决混凝土抗拉性能差的这一缺陷，于是预应力混凝土结构应运而生。通常预应力筋仅布置在混凝土结构的受拉区，代替混凝土承受拉力。随着预应力技术的不断发展，也出现了一些预应力筋布置在混凝土结构的受压区，代替混凝土承受压力的结构。

1. 预应力及预应力混凝土的基本原理

预应力是预加应力的简称，其基本原理在很早以前就已被聪明的人类所运用。木桶是预加应力抵抗拉应力的一个典型的例子。如图3-1所示，这种采用竹箍的木桶、木盆等在我国的应用已有几千年的历史。当套紧竹箍时，竹箍使木板拼成的桶壁产生环向压应力。如施加的环向预压应力超过水压力引起的拉应力，木桶就不会开裂和漏水。现代预应力混凝土圆形水池的原理与上述套箍木桶是一样的，所以木桶实质上是一种预应力木结构。

预应力是指在构件(或结构)中预先施加应力。

所谓预应力混凝土,就是在结构承受荷载之前,预先人为地在混凝土或钢筋混凝土中引入内部应力,且其数值和分布能将使用荷载(或作用)产生的应力抵消到一个合适程度。也就是说,通过人为的,按照一定的应力大小和分布规律,预先对混凝土或钢筋混凝土构件施加压应力(或拉应力),使之建立一种人为的应力状态,以便抵消使用荷载(或作用)下产生的拉应力(或压应力),从而使混凝土构件在使用荷载(或作用)下不致开裂,或推迟开裂,或者减小裂缝开展的宽度。这种预先给混凝土引入内部应力的结构,就称为预应力混凝土结构。

图 3-1 预应力混凝土的典型例子

2. 预应力混凝土结构的优缺点

预应力混凝土结构解决了钢筋混凝土结构存在的问题,克服了普通钢筋混凝土结构的弱点,因此其具有下列主要优点:

(1) 提高了构件的抗裂度和刚度。构件施加预应力后,大大推迟了裂缝的出现,在使用荷载或作用下,构件可不出现裂缝,或使裂缝推迟出现并加以限制,因而也提高了构件的刚度,增加了结构的耐久性。

(2) 可以节省材料,减少自重。由于预应力混凝土必须采用高强度材料,因而可以减少钢筋用量和减少构件截面尺寸,节省钢材和混凝土,从而降低结构物自重。对于自重所占比例较大的大跨径公路桥梁来说,采用预应力混凝土有着显著的优越性。一般大跨度或重荷载结构,采用预应力混凝土结构是比较经济,也是比较合理的。

(3) 可以减小混凝土梁的竖向剪力和主拉应力。如在预应力混凝土梁中配置曲线预应力钢筋(束),可使梁中支座附近的竖向剪力减小,而混凝土结构截面上预压应力的存在,又可使荷载(或作用)下的主拉应力也相应减小,因此可以相应地减薄梁的腹板厚度,这也是预应力混凝土梁可以减轻自重的原因之一。

(4) 结构安全、质量可靠。施加预应力时,钢筋(束)与混凝土都同时经受了一次强度检验。如果钢筋张拉时质量良好,那么,在使用时一般在安全上是不会存在大的问题的。

此外,还可以提高结构的耐疲劳性能,因为具有强大预应力的钢筋,使混凝土在使用阶段因加荷或卸荷所引起的应力变化幅度变小,因而抗疲劳破坏的性能就好。这对于承受动荷载的桥梁结构来说也是很有利的。

预应力混凝土结构虽然有许多优点,但也存在一些缺点:

(1) 施工工艺较复杂,对施工质量要求甚高,因而需要配备一支技术较熟练的专业队伍。

(2) 需要有一定的专门设备,如张拉机具、灌浆设备等。先张法需要有张拉台座;后张法还要耗用数量较多、质量可靠的锚具等。

(3) 预应力反拱度不易控制。它随混凝土徐变的增加而加大,如存梁时间过久再进行安装,就可能使反拱度很大,造成桥面不平顺。

(4) 后张法预应力混凝土结构的管道压浆不易密实,容易引起预应力钢筋的锈蚀,在一定程度上影响结构的抗疲劳性及耐久性。

(5) 预应力混凝土结构的开工费用较大,对于跨径小、构件数量少的工程,成本较高。

因此,必须合理地进行设计,认真地组织施工,预应力混凝土结构才能充分发挥其优越性。

3. 预应力混凝土结构的分类

根据预加应力值大小,对构件截面裂缝控制程度有不同分类:

(1) 全预应力混凝土。在使用荷载作用下,不允许出现拉应力的构件,属严格要求不出现裂缝的构件。

(2) 部分预应力混凝土。允许出现裂缝,但最大裂缝宽度不超过允许值的构件,属允许出现裂缝的构件。

按照黏结方式,预应力混凝土还可分为有黏结预应力混凝土和无黏结预应力混凝土。无黏结预应力混凝土是指先将预应力钢筋将预应力钢筋的外表面涂以沥青、油脂或其他润滑防锈材料,待混凝土浇筑并达到强度后,张拉无黏结筋并锚固的结构。

特点:不需要预留孔道,也不必灌浆,施工简便、快速,造价较低,易于推广应用。

4. 预应力混凝土结构的应用

预应力混凝土结构成功使用的历史,至今不到100年,但由于它具有许多优点,广泛应用于桥梁、房屋建筑、水工结构、轨枕、电杆、压力管道、储存罐、水塔、岩土工程、能源工程(原子能反应堆)、海洋工程等,尤其是在大跨径或重荷载结构,以及不允许开裂的结构中应用更为普遍。挪威1992年建成的主跨为530m的斯坎桑德(Skarm Sundet)斜拉桥;奥地利阿尔姆桥是采用双预应力体系的简支梁桥,其跨径达76m,而梁高仅2.5m,其跨高比 $l_0/b = 3.0$,是迄今世界上最大跨径的简支梁桥。

预应力混凝土结构在我国桥梁建设中的应用也得到了迅速发展。预应力混凝土空心板、槽型梁、T形梁等早已被普遍应用。连续梁桥的跨径达到154m(云南六库);T形刚构桥为174m(重庆长江大桥);连续刚构桥270m(虎门大桥铺航道桥);预应力混凝土斜拉桥主跨400m以上的就有6座。

随着我国高速铁路的建设,也基本都采用了预应力结构,如郑州—西安的客运专线采用32m预应力简支梁作为本铁路线路的标准跨径梁。

5. 预应力混凝土结构材料

1) 钢材

工程上对预应力钢筋有下列要求:

(1) 强度高。预应力的大小取决于预应力钢筋张拉应力的大小。张拉应力愈大,抗裂性能愈好,又因构件在制作过程中会出现各种预应力损失,这就对预应力钢筋有较高的抗拉强度要求。

(2) 具有一定的塑性和良好的加工性能。为了避免预应力混凝土构件发生脆性破坏,一般要求极限伸长率大于4%,同时要求钢筋"镦粗"后并不影响其原来的物理力学性能。

(3) 与混凝土具有良好的黏结。对于采用先张法的构件,要求钢筋与混凝土之间必须有较高的黏着自锚强度。

目前,用于预应力混凝土构件中的预应力钢材主要有钢绞线、钢丝、热处理钢筋三大类。钢绞线是由多根钢丝捻制在一起并经过低温回火清除内应力后制成的,常见的有3股和7股。钢丝,按外形可分为光圆钢丝、螺旋肋钢丝和刻痕钢丝;按应力松弛性能分,则有普通松弛即Ⅰ

级松弛和低松弛即Ⅱ级松弛两种。热处理钢筋是用热扎的螺纹钢筋经过淬火和回火的调质热处理而成的。热处理钢筋有 $40Si_2Mn$、$48Si_2Mn$ 和 $45Si_2Cr$ 三种。

2) 混凝土

预应力混凝土结构构件所用的混凝土,需要满足下列要求:

(1) 强度高。对于先张法以提高钢筋与混凝土之间的黏结力,对于后张法以提高锚固端的局部承压承载力。

(2) 收缩、徐变小。以减小因其引起的预应力损失。

(3) 快硬、早强。以提高构件的生产效率和设备利用率。

《混凝土规范规定》,预应力混凝土构件的混凝土强度等级不应低于 C30;对采用钢绞线、钢丝、热处理钢筋作预应力钢筋时,混凝土强度等级不宜低于 C40。

【任务解答】

任务二 先张法施工工艺

【学习目标】

1. 理解先张法的基本概念;
2. 掌握先张法的具体施工工艺流程;
3. 熟悉先张法的应用范围;
4. 知道先张法的优缺点。

【任务概况】

某工程使用预应力混凝土梁,采用先张法施工工艺,试阐述具体的施工工序,并分析所采用的预应力混凝土梁与普通混凝土梁之间的区别。

请在学习完以下知识后,给出答案。

按照张拉钢筋与浇筑混凝土的先后关系,施加预应力的方法可分为先张法和后张法两类。先张拉预应力钢筋,然后浇筑混凝土的施工方法,称为先张法。其主要工序如图 3-2 所示。

(1) 在台座上按设计规定的拉力张拉钢筋,并用锚具临时固定于台座上。

(2) 支模,绑扎非预应力钢筋,浇筑混凝土构件。

(3) 待构件混凝土达到一定程度后(一般不低于混凝土设计强度等级的 0.75)切断或放松钢筋,让钢筋的回缩力通过钢筋与混凝土的黏结力传递给混凝土,使混凝土获得预压应力。

主要工艺过程是:穿钢筋→张拉钢筋→浇筑混凝土并进行养护→切断钢筋。

主要优缺点:生产工艺简单,工序少,效率高,质量易于保证,且能省去锚固预应力筋所用的永久锚具,但需要专门的张拉台座,基建投资较大,还须考虑交通运输条件;预应力筋一般采用直线或折线布置,适宜于预制大批生产的中小型构件。

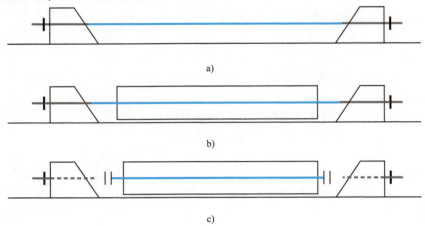

图 3-2 先张法施工工序示意图
a)张拉钢筋;b)浇筑混凝土;c)剪断钢筋

先张法依靠预应力筋回缩力和其与混凝土之间的黏结力形成预应力体系。
一般先张法所用的预应力筋为:高强钢丝、直径较小的钢绞线和小直径的冷拉钢筋等。

【任务解答】

学习项目二　后张法施工

任务一　后张法施工工艺

【学习目标】
1. 理解后张法的基本概念;
2. 掌握后张法的具体施工工艺流程;
3. 熟悉后张法的应用范围;
4. 知道后张法的优缺点;
5. 了解预应力的锚固体系。

【任务概况】
某工程使用预应力混凝土梁,采用后张法施工工艺。试阐述具体的施工工序,并分析施工过程中可能用到的锚固体系都有哪些。

请在学习完以下知识后,给出答案。

一 后张法

先浇筑混凝土,待混凝土硬化后,在构件上直接张拉预应力钢筋,这种施工方法称为后张法。其主要工序如图 3-3 所示。

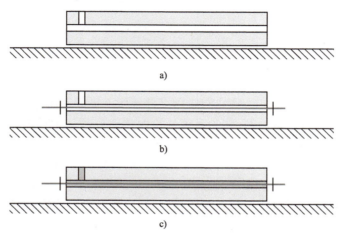

图 3-3 后张法施工工序示意图
a)浇筑混凝土;b)穿钢筋、张拉、锚固;c)灌浆

主要工艺过程:浇筑混凝土构件(在构件中预留孔道)并进行养护→穿预应力钢筋→张拉钢筋并用锚具锚固→往孔道内压力灌浆。

主要优点:预应力钢筋直接在构件上张拉,不需要张拉台座,所以后张法构件既可以在预制厂生产,也可在施工现场生产。大型构件在现场生产可以避免长途搬运,故我国大型预应力混凝土构件主要采用后张法。

主要缺点:生产周期较长;需要利用工作锚锚固钢筋,钢材消耗较多,成本较高;工序多,操作较复杂,造价一般高于先张法。

后张法是通过锚具锚固预应力筋从而保持预加的预应力体系。因此,后张法使用性较大,它可以是预制构件,也可以是施工现场按设计部位在支架上施工的混凝土构件等。但后张法施工工艺相对比较复杂,锚具耗钢量较大。

后张法混凝土构件的预留孔道,是由制孔器来形成的。常用的制孔器的形式有两类:

(1)轴拔式制孔器。即在预应力混凝土构件中根据设计要求预埋制孔器具,待混凝土初凝后轴拔出制孔器具,从而形成预留孔道。最常用的橡胶抽拔管的工艺为:在钢丝网加筋的胶管内穿入钢筋(称芯棒),再将胶管(连同芯棒)放入构件模板内,待浇筑混凝土结硬到一定强度(一般为初凝期)后,抽掉芯棒再拔出胶管,从而形成预留孔道。

(2)埋入式制孔器。即在预应力混凝土构件中根据设计要求永久埋置制孔器(管道),从而形成预留孔道。通常可采用铁皮管,螺旋波纹铁皮管和特制的塑料管作为制孔器。这种预埋管道的构件,在混凝土达到设计强度后,即可直接张拉管道内的预应力筋。

我国现在一般都采用预埋波纹管方式制孔。

在后张法预应力混凝土构件中,为了防止预应力筋的锈蚀和使预应力筋与梁体混凝土结合成一个整体,一般在预应力筋张拉完毕之后,即需向预留孔道内压注水泥浆。为了减少水泥浆结硬过程中的收缩,保证孔道内水泥浆密实,可在水泥浆中加入少量的铝粉,使水泥浆在硬化过程中膨胀,但应控制其膨胀率不大于 5%。水泥浆的水灰比一般取 0.4~0.45 为宜。水泥浆的强度等级不低于构件混凝土强度等级的 80%,且不低于 C30。具体可参考我国有关预应力混凝土施工技术规范。

二 锚固体系

预应力锚固体系是预应力混凝土结构成套技术的重要组成部分,完善的锚固体系通常包括锚具、夹具、连接器及锚下支撑系统等。

锚具和夹具是预应力混凝土构件锚固与夹持预应力筋的装置,它是预应力锚固体系中的关键件,也是基础件。在先张法中,构件制成后锚具可取下重复使用,通常称为夹具或工作锚。夹具或工作锚是临时夹固预应力筋,将千斤顶张拉力传递到预应力筋的装置。后张法是靠锚具传递预加力,锚具埋置在混凝土构件内不再取下。

连接器是预应力筋的连接装置,可将多段预应力筋连接成一条完整的长束,能使分段施工的预应力筋逐段张拉锚固并保持其连续性。

锚下支撑系统包括与锚具相配套的锚垫板、螺旋筋或钢筋网片等,布置在锚固区的混凝土体中,作为锚下局部承压、抗劈裂的加强结构。

预应力筋配套的锚固体系很多,国外主要的锚固体系有:法国的弗莱西奈(Freyssinet)体系、瑞士的 VSL 体系、英国的 CCL 体系、德国的地伟达(DYWIDAG)体系及瑞士的 BBRV 体系等。同样,国内也有针对各种预应力筋的锚固体系。

在设计、制造或选择锚固体系时,原则上应注意满足下列要求:

(1)锚固体系受力安全可靠,确保构件的预应力要求。
(2)引起的预应力损失和在锚具附近的局部压应力小。
(3)构造简单,加工制作方便,重量轻,节约钢材。
(4)根据设计取用的预应力筋种类、预压力大小及布束的需要选择锚具体系。
(5)预应力筋张拉操作方便,设备简单。

根据我国国家标准《预应力筋用锚具、夹具和连接器》(GB/T 14370—2007),按照使用要求,锚具的锚固性能分为两类:Ⅰ类锚具——适用于承受动、静荷载的预应力混凝土结构;Ⅱ类锚具——仅适用于有黏结预应力混凝土结构中预应力筋应力变化不大的部位。锚具的锚固性能分类依据静载锚固性能,并由预应力筋组装件静载试验测定的锚具效率系数 η_a 和达到实测极限拉应力时的总应变 ε_{apu} 确定。其中,锚具效率系数 η_a 按式(3-1)计算:

$$\eta_a = \frac{F_{apu}}{\eta_p F_{apu}^c} \tag{3-1}$$

式中:F_{apu}——锚具组装件的实测极限拉力;

η_p——预应力筋的效率系数,当预应力筋为钢丝、钢绞线或热处理钢筋时,一般取 $\eta_p = 0.97$;当为冷拉 Ⅱ、Ⅲ、Ⅳ 级钢筋时,取 $\eta_p = 1.00$;

F_{apu}^c——锚具组装件中各预应力钢材的计算极限拉力之和。

锚具的静载锚固性能应同时符合下列要求:

Ⅰ类锚具

$$\eta_p \geqslant 0.95, \varepsilon_{apu} \geqslant 2.0\%$$

Ⅱ类锚具

$$\eta_p \geqslant 0.90, \varepsilon_{apu} \geqslant 1.7\%$$

夹具的静载锚固性能,由夹具组装件静载试验测定的夹具效率系数 η_g 确定:

$$\eta_g = \frac{F_{gpu}}{\eta_p F_{gpu}^c} \tag{3-2}$$

式中: F_{gpu}——夹具组装件的实测极限拉力;

F_{gpu}^c——夹具组装件中各预应力钢材的计算极限拉力之和。

夹具的静载锚固性能应符合:

$$\eta_p \geqslant 0.95$$

预应力锚固体系的其他一些技术要求及性能可参见有关规范和标准,此处不赘述。

下面简略介绍几种国内外常用的锚固体系,其中主要介绍锚具部分。

1. 螺纹端杆式锚具

该类锚具是利用螺纹的连接作用对冷拉Ⅱ、Ⅲ级钢筋进行张拉和锚固(图3-4),可用于后张法、先张法和电热张拉的预应力构件。螺丝端杆锚具由螺丝端杆、螺母及垫板组成。使用时将螺丝端杆与预应力钢筋焊成一整体,张拉后由螺锚固定预应力钢筋。

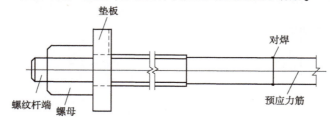

图 3-4 螺纹端杆锚具

2. 锥形锚具

该类锚具又称弗式锚,它是由锚圈和锚塞组成(图3-5)。其原理是通过张拉钢束时顶压锚塞,把预应力钢丝楔紧在锚塞与锚圈之间。

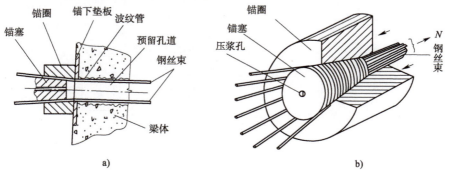

图 3-5 锥形锚具

3. 墩头锚具

墩头锚具主要用于锚固钢丝束。由墩粗的钢丝头、锚杯、外螺母、内螺母和垫板组成(图3-6)。适用于锚固直径 5mm 的高强钢丝束。

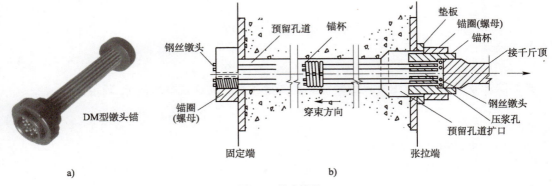

图 3-6 墩头锚具

4. 钢筋螺纹锚具

用于高强粗钢筋(图 3-7)。其原理用一锚固螺帽直接拧紧在已张拉的高强粗钢筋上的螺纹上,让钢筋的回缩力由螺母经支承垫板承压传递给梁体而获得预应力。

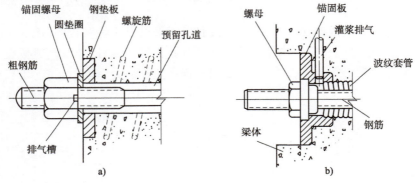

图 3-7 钢筋螺纹锚具

5. 夹片锚具

用于锚固钢绞线(图 3-8)。夹片锚具具有各种不同的形式,常见的有 JM 锚具、XM 锚具、QM 锚具、YM 锚具、OVM 锚具。近年来应用最为广泛。

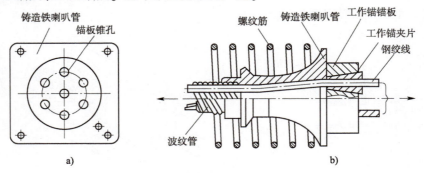

图 3-8 夹片锚具

6. 预加应力的其他设备

张拉机具是制作预应力混凝土构件时,对预应力筋施加张拉力的专用设备。一般采用的是液压千斤顶。

此外,在生产过程中还经常用到穿索机、压浆机、张拉台座等,不再叙述。

【任务解答】

任务二　预应力损失和预应力混凝土的构造知识

【学习目标】
1. 理解张拉控制应力的基本概念；
2. 熟悉预应力损失的种类；
3. 熟悉先张法预应力混凝土的构造要求；
4. 熟悉后张法预应力混凝土的构造要求；
5. 了解预应力损失的组合。

【任务概况】

某工程使用预应力混凝土梁，采用后张法施工工艺，在该预应力梁的施工过程中可能会有哪些预应力损失？

请在学习完以下知识后，给出答案。

一　预应力损失

1. 预应力钢筋的张拉控制应力

张拉控制应力是指预应力钢筋张拉时需要达到的最大应力值，即预应力钢筋锚固前张拉设备所控制施加的张拉力除以预应力钢筋截面面积所得到的应力，用 σ_{con} 表示。

张拉控制应力的取值对预应力混凝土构件的受力性能影响很大。张拉控制应力愈高，混凝土所受到的预压应力愈大，构件的抗裂性能愈好，若构件要达到同样的抗裂性，则可以节约预应力钢筋，所以张拉控制应力不能过低。但张拉控制应力过高会造成构件在施工阶段的预拉区拉应力过大，甚至开裂；过大的预压应力还会使构件开裂荷载值与极限荷载值很接近，使构件破坏前没有足够的安全储备来防止混凝土的脆裂。此外，过高的张拉应力可能使个别预应力钢筋发生脆断。

因此，预应力钢筋的张拉控制应力值 σ_{con} 不能定得过高。根据设计和施工经验，并参考国内外的相关规范，《混凝土规范》规定，预应力钢筋的张拉控制应力不宜超过表3-1规定的限值，且不应小于 $0.4f_{ptk}$。f_{ptk} 为预应力钢筋抗拉强度标准值。

当符合下列情况之一时，表3-1中的张拉控制应力限制可提高 $0.05f_{ptk}$。

（1）要求提高构件在施工阶段的抗裂性能，而在使用阶段受压区内设置的预应力钢筋。
（2）要求部分抵消有预应力松弛、摩擦、钢筋分批张拉以及预应力钢筋与张拉台座之间的温差等因素产生的预应力损失。

预应力钢筋的张拉控制应力　　　　表3-1

钢筋种类	张拉方法	
	先张法	后张法
消除应力钢丝、钢绞线	$0.75f_{ptk}$	$0.75f_{ptk}$
热处理钢筋	$0.7f_{ptk}$	$0.65f_{ptk}$

2. 预应力损失估算

在预应力混凝土构件施工及使用过程中，由于材料的性能、张拉工艺和锚固等原因引起预加应力逐渐减小，这种现象称为预应力损失。

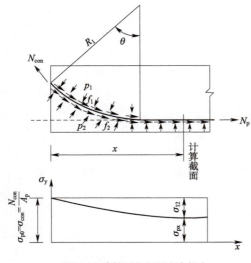

图3-9 摩擦引起的预应力损失

引起预应力损失的因素很多，而且许多因素之间相互影响，所以要精确计算预应力损失十分困难。对于预应力损失的计算，宜根据试验数据确定，如无可靠的试验资料，可按将各种因素产生的预应力损失值进行叠加的方法求得。下面根据《铁路桥规》对这些预应力损失进行分项讨论。

(1) 预应力钢筋与孔道壁之间的摩擦引起的预应力损失 σ_{l_1}

采用后张法张拉预应力钢筋时，钢筋与孔道壁之间产生摩擦力，使预应力钢筋的应力从张拉端向里逐渐降低(图3-9)。预应力钢筋与孔道壁间摩擦力产生的原因有：直线预留孔道因施工原因发生凹凸和轴线的偏差，使钢筋与孔道壁产生法向压力而引起摩擦力；曲线预应力钢筋与孔道壁之间的法向压力引起的摩擦力。

预应力钢筋与孔道壁之间的摩擦引起的预应力损失 σ_{l_1}，按式(3-3)计算：

$$\sigma_{l_1} = \sigma_{con}\left[1 - e^{-(kx+\mu\theta)}\right] \qquad (3-3)$$

式中：θ——张拉端至计算截面曲线孔道部分切线的夹角(rad)；

x——张拉端至计算截面的孔道长度(m)，可近似取该段孔道在纵轴上的投影长度；

μ——钢筋与孔道壁之间的摩擦系数，按表3-2采用；

k——考虑每米孔道长度对其设计位置的偏差系数，按表3-2采用。

μ、k 的取值　　　　表3-2

管道类型	μ	k
橡胶管抽芯成型的管道	0.55	0.0015
铁皮套管	0.35	0.0030
金属波纹管	0.20~0.26	0.0020~0.0030

减小 σ_{l_1} 的措施有：采用两端张拉；采用超张拉。其张拉方法为：

$$0 \xrightarrow{} 1.05\sigma_{con} \xrightarrow{\text{持荷2min}} 0.85\sigma_{con} \xrightarrow{\text{持荷2min}} \sigma_{con}$$

(2) 锚具变形、钢筋内缩和接缝压缩引起的预应力损失 σ_{l_2}

不论先张法还是后张法预应力构件,当张拉完毕千斤顶放松时,预拉力通过锚具传递到台座或构件上,由于锚具、垫板本身变形和接缝被挤紧,以及钢筋在锚具内的滑移,使得被拉紧的钢筋内缩所引起的预应力损失。

直线形预应力钢筋 σ_{l_2} 可按式(3-4)计算:

$$\sigma_{l_2} = \frac{\Delta l}{l} E_p \tag{3-4}$$

式中:Δl——锚头变形、钢筋回缩和接缝压缩值(mm),按表3-3取用;

l——张拉端至锚固端之间的距离(mm);

E_p——预应力钢筋弹性模量(N/mm²)。

锚头变形、钢筋回缩和接缝压缩计算值(mm) 表3-3

锚头、接缝类型		表现形式	计算值
钢制锥形锚头		钢筋回缩及锚头变形	8
夹片式锚	有顶压时	钢筋回缩	4
	无顶压时		6
水泥砂浆接缝		接缝压缩	1
环氧树脂砂浆接缝		接缝压缩	0.05
带螺帽的锚具螺帽缝隙		缝隙压密	1
每块后加垫板的缝隙		缝隙压密	1

减小 σ_{l_2} 的措施有:选择锚具变形和钢筋内缩值较小的锚具;尽量减少垫板的数量;对先张法,可增加台座的长度 l。

(3) 预应力钢筋与台座之间温差引起的预应力损失 σ_{l_3}

为了缩短构件生产周期,先张法在浇筑混凝土后采用蒸汽和其他方法加热养护。在养护的升温阶段钢筋受热伸长,但是一般台座位置固定不变,钢筋实际无法伸长,相当于钢筋回缩了,其应力下降。降温时,混凝土已经硬化并与钢筋产生了黏结,其黏结力足以阻止钢筋与混凝土之间的相对滑动。因此升温养护所降低的应力已不可恢复,产生了预应力损失。

假设预应力钢筋与台座之间的温差为 Δt,钢筋的线膨胀系数为 $\alpha = 0.00001 \, ℃^{-1}$,则预应力钢筋与台座之间的温差引起的预应力损失可按式(3-5)计算。

$$\sigma_{l_3} = \varepsilon_s E_s = \frac{\Delta l}{l} E_s = \frac{\alpha l \Delta t}{l} E_s = \alpha E_s \Delta t = 0.00001 \times 2.0 \times 10^5 \times \Delta t = 2\Delta t (\text{N/mm}^2) \tag{3-5}$$

减小 σ_{l_3} 的措施有:

①采用二次升温养护方法。先在常温或略高于常温下养护,待混凝土达到一定强度后(如7.5~10.0MPa),再逐渐升温至养护温度,这时因为混凝土已硬化与钢筋黏结成整体,能够一起伸缩而不会引起应力变化。

②在钢模上张拉预应力钢筋。预应力钢筋锚固在钢模上,因钢模与构件共同受热,则不产生此项预应力损失。

(4) 混凝土弹性压缩引起的预应力损失 σ_{l_4}

当预应力传递到混凝土构件时,混凝土将产生弹性压缩应变,此时已黏结或锚固的预应力钢筋也将回缩,预加应力变小,从而产生了预应力损失。

对于先张法构件,由混凝土弹性压缩引起的应力损失为:

$$\sigma_{l_4} = \varepsilon_p E_p = \varepsilon_c E_p = \frac{\sigma_c}{E_c} E_p = n_p \sigma_c \tag{3-6}$$

式中:n_p——预应力钢筋弹性模量与混凝土弹性模量的比值;

σ_c——在计算截面钢筋重心处,由预加应力产生的混凝土正应力。

在后张法结构中,对于一次张拉完成的后张法构件,混凝土的弹性压缩发生在张拉过程中,就可不必计算弹性压缩引起的预应力损失。如分批张拉,则已张拉完毕、锚固钢筋,将会因其后续张拉钢筋时产生弹性压缩,从而产生预应力损失,其值按式(3-7)计算。

$$\sigma_{l_4} = n_p \Delta \sigma_c Z \tag{3-7}$$

式中:$\Delta\sigma_c$——在先行张拉的预应力钢筋重心处,由于后来张拉一个钢筋而产生的混凝土正应力;对于简支梁,可取跨度1/4截面上的应力;对于连续梁、连续刚构,可取若干有代表性截面上应力的平均值(MPa);

Z——在所计算的钢筋张拉后再行张拉的钢筋根数。

减小 σ_{l_4} 的措施有:尽量减少分批张拉次数。

(5)预应力钢筋应力松弛引起的预应力损失 σ_{l_5}

在高拉应力作用下,在钢筋长度保持不变的情况下,钢筋的拉应力会随时间的增长而逐渐降低,这种现象称为钢筋的应力松弛。钢筋的应力松弛与下列因素有关:

①时间。受力开始阶段松弛发展较快,1h 和 24h 松弛损失分别达总松弛损失的 50% 和 80% 左右,以后发展缓慢。

②钢筋品种。热处理钢筋的应力松弛值要比钢丝、钢绞线小。

③初始应力。初始应力高,应力松弛大。当钢筋的初始应力小于 $0.7f_{pk}$ 时,松弛与初始应力呈线性关系;当钢筋的初始应力大于 $0.7f_{pk}$ 时,松弛显著增大。

对预应力钢筋,仅在 $\sigma_{con} \geq 0.5f_{pk}$ 的情况下,才考虑由于钢筋松弛引起的应力损失,其终极值为 $0.5f_{pk}$:

$$\sigma_{l_5} = \zeta \cdot \sigma_{con} \tag{3-8}$$

式中:σ_{l_5}——由于钢筋松弛引起的应力损失(MPa);

σ_{con}——钢筋(锚下)控制应力(MPa);

ζ——松弛系数,对钢丝,普通松弛时,按 $0.4\left(\dfrac{\sigma_{con}}{f_{pk}} - 0.5\right)$ 采用;对钢丝、钢绞线,低松弛时,当 $\sigma_{con} \leq 0.7f_{pk}$ 时,$\zeta = 0.125\left(\dfrac{\sigma_{con}}{f_{pk}} - 0.5\right)$,当 $0.7f_{ptk} < \sigma_{con} \leq 0.8f_{ptk}$ 时,$\zeta = 0.2\left(\dfrac{\sigma_{con}}{f_{pk}} - 0.175\right)$;对精轧螺纹钢筋,一次张拉时,按 0.05 采用,超张拉时,按 0.035 采用。

减小 σ_{l_5} 的措施有:采用超张拉及增加持荷时间;采用低松弛预应力钢筋。

(6)混凝土收缩和徐变引起的预应力损失 σ_{l_6}

混凝土在硬化时发生体积收缩,在压应力作用下,混凝土还会产生徐变。两者均使构件长度缩短,预应力钢筋也随之回缩,造成预应力损失。混凝土收缩和徐变虽是两种性质不同的现象,但它们的影响是相似的,为了简化计算,将此两项预应力损失在一起考虑:

$$\sigma_{l_6} = \frac{0.8 n_p \sigma_{co} \varphi_\infty + E_p \xi_\infty}{1 + \left(1 + \dfrac{\varphi_\infty}{2}\right)\mu_n \rho_A} \tag{3-9}$$

$$\mu_n = \frac{n_p A_p + n_s A_s}{A} \tag{3-10}$$

$$\rho_A = 1 + \frac{e_A^2}{i^2} \tag{3-11}$$

式中：σ_{l6}——由收缩、徐变引起的应力损失终极值(MPa)；

σ_{co}——传力锚固时，在计算截面上预应力钢筋重心处，由于预加力(扣除相应阶段的应力损失)和梁自重产生的混凝土正应力，对简支梁可取跨中和跨度 1/4 截面的平均值，对连续梁和连续刚构可取若干有代表性截面的平均值(MPa)；

φ_∞——混凝土徐变系数的终极值；

ξ_∞——混凝土收缩应变的终极值；

μ_n——梁的配筋率换算系数；

n_s——非预应力钢筋弹性模量与混凝土弹性模量之比；

A_p，A_s——预应力钢筋及非预应力钢筋的截面面积(m^2)；

A——梁截面面积，对后张法构件，可近似按净截面积计算(m^2)；

e_A——预应力钢筋与非预应力钢筋重心至梁截面重心轴的距离(m)；

i——截面回转半径(m)，$i=\sqrt{I/A}$；

I——截面惯性矩，对后张法构件，可近似按净截面计算(m^4)。

无可靠资料时，φ_∞、ξ_∞ 值可按表 3-4 采用。在年平均相对湿度低于 40% 的条件下使用的结构，表列的 φ_∞、ξ_∞ 值应增加 30%。

混凝土的收缩应变和徐变系数终极值　　　　表 3-4

预加应力时混凝土的龄期(d)	收缩应变终极值 ξ_∞ (×10⁶)				徐变系数终极值 φ_∞			
	理论厚度 $\frac{2A}{u}$ (mm)				理论厚度 $\frac{2A}{u}$ (mm)			
	100	200	300	≥600	100	200	300	≥600
3	250	200	170	110	3.00	2.50	2.30	2.00
7	230	190	160	110	2.60	2.20	2.00	1.80
10	217	186	160	110	2.40	2.10	1.90	1.70
14	200	180	160	110	2.20	1.90	1.70	1.50
28	170	160	150	110	1.80	1.50	1.40	1.20
≥60	140	140	130	100	1.40	1.20	1.10	1.00

注：1. 对先张法结构，预加应力时混凝土的龄期一般为 3~7d；对后张法结构，该龄期一般为 7~28d。
2. A 为计算截面混凝土的面积，u 为该截面与大气接触的周边长度。
3. 实际结构的理论厚度和混凝土的龄期为表列数值的中间值时，可按直线内插取值。

减小 σ_{l6} 的措施有：
① 采用高强度等级水泥，以减少水泥用量。
② 采用减水剂，以减小水灰比。
③ 采用级配好的集料，加强振捣，以提高混凝土的密实性。
④ 加强养护，以减小混凝土的收缩。

除以上六项预应力损失外，还应根据实际情况考虑其他因素引起的预应力损失，如钢筋与锚圈口摩擦损失等，其值可根据试验确定。

3. 预应力损失值的组合

(1) 预应力损失值的组合

上述预应力损失有的只发生在先张法中,有的则只发生于后张法中,有的在先张法和后张法中均有,而且是分批出现的。为了便于分析和计算,一般设计时可将预应力损失分为两批:预加应力阶段出现的损失,称第一批损失 $\sigma_{l\text{I}}$;使用阶段出现的损失,称第二批损失 $\sigma_{l\text{II}}$。如表 3-5 所示。

各阶段的预应力损失组合　　　　　　表 3-5

预应力的损失组合	先张法构件	后张法构件
预加应力阶段 $\sigma_{l\text{I}}$	$\sigma_{l2}+\sigma_{l3}+\sigma_{l4}+0.5\sigma_{l5}$	$\sigma_{l1}+\sigma_{l2}+\sigma_{l4}$
使用阶段 $\sigma_{l\text{II}}$	$0.5\sigma_{l5}+\sigma_{l6}$	$\sigma_{l5}+\sigma_{l6}$

(2) 预应力筋的有效预应力 σ_{pl}

预加应力阶段:

$$\sigma_{pl}^{\text{I}} = \sigma_{con} - \sigma_{l\text{I}}$$

使用阶段:

$$\sigma_{pl}^{\text{II}} = \sigma_{con} - (\sigma_{l\text{I}} + \sigma_{l\text{II}})$$

预应力混凝土构件的构造要求

预应力混凝土结构构件的构造,除应满足普通钢筋混凝土结构的有关规定外,根据自身的特点,预应力钢筋张拉工艺、锚固措施、预应力钢筋种类的不同而有所不同。混凝土结构的构造关系到结构设计能否实现,所以必须高度重视。

预应力混凝土梁的形式有很多种,它们的具体构造在桥梁工程中有详细介绍,这里只对常用的截面形式及其钢筋布置作简要介绍。

1. 常用截面形式

预应力混凝土梁常用截面形式如下。

1) 预应力混凝土空心板

预应力混凝土空心板如图 3-10a) 所示,空心板的空心可以是圆形、圆端形、椭圆形,侧面和底面直线而顶部拱形。构件自重较小。跨径 8~20m 的空心板多采用直线配筋长线台先张法施工,多用于中小跨径简支桥梁,大跨径空心板也有采用后张法施工的,并且筋束从有黏结预应力向无黏结预应力发展。

2) 预应力混凝土 T 形(工字形)截面梁

预应力混凝土 T 形(工字形)截面梁如图 3-10b)、c) 所示。这是我国桥梁工程中最常用预应力混凝土简支梁截面形式。标准设计跨径为 25~40m,最大不宜大于 50m,一般采用后张法施工。高跨比一般为 1/15~1/25,腹板主要承受剪应力和主应力,由于预应力混凝土梁中剪力很小,故腹板可以适当做薄。从构造方面来说,腹板厚度必须满足预应力孔道布置要求,故一般采用 160~200mm。在梁下翼缘的布筋区,为了布置钢筋的需要,常常将腹板厚度加厚而做成"马蹄"形,利于布置预应力钢筋的承受巨大的预应力。梁的两端长度各约等于梁高的范围内,腹板加厚为与"马蹄"同宽,以满足布置锚具和局部承压的要求。

3) 预应力混凝土箱形截面梁

预应力混凝土箱形截面梁如图 3-10d) 所示,箱形截面为闭口截面,其抗扭刚度比一般开口截面(如 T 形截面梁)大得多,材料利用合理,自重较轻,跨越能力大,一般用于连续梁,T 形刚构、斜梁等跨径较大的桥梁中。

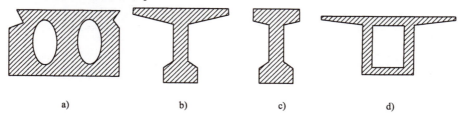

图 3-10　预应力混凝土受弯构件常用截面
a)空心板;b)T 形截面;c)工字形截面;d)箱形截面

2. 预应力钢筋的布置

1) 预应力钢筋的布置原则

预应力钢筋布置,应使其重心线不超出束界范围。因此,大部分预应力钢筋将在趋向支点时须逐步弯起,只有这样,才能保证构件无论是在施工阶段,还是在使用阶段,其任意截面上下翼缘混凝土的法向应力都不致超过规定的限值。同时,构件端部范围逐步弯起的预应力钢筋将产生预剪力,这对抵消支点附近较大的剪力是非常有利的。而且从构造上说,预应力钢筋束的弯起,可使锚固点分散,使梁端部承受的集中力也相对分散,这对改善锚固区的局部承压条件是有利的。

2) 预应力筋束弯起细则

(1) 预应力筋束弯起角度,应与所承受的剪力变化规律相配合。根据受力要求,预应力钢筋束弯起后所产生的预剪力,应能抵消全部恒载剪力和部分活载剪力,以使构件在无活载时,钢筋束中所剩余的预剪力绝对值不致过大。弯起角不宜大于 20°;对于弯出梁顶锚固的钢束,弯起角常常在 20°~30°。

(2) 弯起钢筋束的形式,原则上宜为抛物线。为了施工方便,可采用悬链线或采用圆弧弯起并以切线伸出梁端或顶面。

(3) 预应力钢筋弯起点的确定,预应力弯起点应从兼顾剪力与弯矩两方面的受力要求来考虑:

① 从受剪考虑,应提供一部分抵抗外加作用(荷载)产生的剪力的预剪力。但实际上,受弯构件跨中部分的肋部混凝土已足够承受外加作用(荷载)产生的剪力,因此一般是根据经验,在跨径的三分点到四分点之间开始弯起。

② 从受弯考虑,由于预应力钢筋弯起后,其重心线将往上移,使偏心距变小,即预加力弯矩变小。因此,应满足预应力钢筋弯起后的正截面的抗弯承载力要求。预应力钢筋束的弯起点尚应考虑斜截面抗弯承载力要求,即保证钢筋束弯起后斜截面上的抗弯承载力,不低于斜截面顶端所在的正截面抗弯承载力。

3) 纵向预应力钢筋的布置

纵向预应力钢筋一般有以下三种布置形式。

(1) 直线布置[图 3-11a)]。直线布置多适用于跨径较小、荷载不大的受弯构件,工程中多采用先张法制造。

(2) 曲线布置[图 3-11b)]。曲线布置多适用于跨度与荷载均较大的受弯构件,工程中多采用后张法制造。

(3) 折线布置[图 3-11c]。折线布置多适用于有倾斜受拉边的梁，工程中多采用先张法制造。在桥涵工程中，这类构件应用较少。

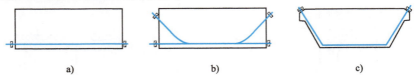

图 3-11 纵向预应力钢筋布置形式
a) 直线布置；b) 曲线布置；c) 折线布置

3. 非预应力钢筋的布置

在预应力混凝土受弯构件中，除了预应力钢筋外，还需要配置各种形式的非预应力钢筋，如图 3-12 所示。

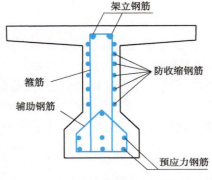

图 3-12 预应力钢筋混凝土梁配筋

1) 箍筋的设置

箍筋与弯起钢束同为预应力混凝土梁的腹筋，与混凝土共同承担剪力，故应按抗剪要少。但为了防止混凝土受剪时的意外脆性破坏，《公路钢筋混凝土及预应力混凝土桥涵设计规范》(JTG D62-2004)仍要求按下列规定配置构造箍筋。

(1) 预应力混凝土 T 形、I 形截面梁和箱形截面梁腹板内应分别设置直径不小于 10mm 和 12mm 的箍筋，且应采用带肋钢筋，间距不应大于 250mm；自支座中心起长度不小于 1 倍梁高范围内，应采用封闭式，间距不应大于 100mm。

(2) 对于预应力 T 形、I 形截面梁，应在下部的"马蹄"内设直径不小于 8mm 的闭合式箍筋，其间距不应大于 200mm。这是因为"马蹄"在预加应力阶段承受着很大的预压应力，为防止混凝土横向变形过大和沿梁轴方向发生纵向水平裂缝，而予以局部加强。

2) 架立钢筋与定位钢筋

架立钢筋是用于支撑箍筋和固定预应力钢筋的位置的，一般采用直径 12~20mm 的带肋钢筋；定位钢筋系指用于固定预留孔道制孔器位置的钢筋，"马蹄"内应设直径不小于 12mm 的定位钢筋。

3) 防收缩钢筋

T 形截面预应力混凝土梁，上有翼缘，下有"马蹄"。它们在梁横向的尺寸，都比腹板厚度大，在混凝土硬化或降温骤降时，腹板将受到翼缘与"马蹄"的钳制作用（因翼缘和"马蹄"部分尺寸较大，温度下降引起的混凝土收缩较慢），而不能自由地收缩变形，因而有可能产生裂缝。经验指出，对于未设水平纵向辅助钢筋的薄腹板梁，其下缘因有密布的纵向钢筋，出现的裂缝细而密，而过下缘（即"马蹄"）与腹板的交界处进入腹板后，其裂缝就常显得粗而稀。梁的截面越高，这种现象越明显。如采用蒸汽养护的预应力混凝土 T 形梁，有的因出坑温度较高，出坑后温度骤降而在三分点处出现这种裂缝，且裂缝宽度较大。为了缩小裂缝间距，防止腹板裂缝较宽，一般需要设置水平纵向辅助钢筋，通常称为防裂钢筋或防收缩钢筋，其直径为 6~8mm，截面面积宜为 $(0.001~0.002)bh$，受拉区间距不大于 200 mm，受压区间距不大于 300 mm，沿腹板两侧，紧贴箍筋布置。

4) 局部加固钢筋(辅助钢筋)

对于局部受力较大的部位,须布置钢筋网格或螺旋筋进行局部加固,以加强其局部抗压和抗剪强度,如"马蹄"中的闭合式箍筋和梁端锚固区的加强钢筋等。除此之外,梁底支座处亦设置钢筋网加强。

4. 先张法构件的构造要求

1) 钢筋的类型与间距

在先张拉预应力混凝土构件中,为保证钢筋和混凝土之间有可靠的黏结力,宜采用具有螺旋肋或刻痕的预应力钢筋。当采用光面钢丝作预应力钢筋时,宜采用适当的措施,以保证钢丝在混凝土中可靠的锚固,防止因钢丝与混凝土间黏结力不足而造成钢丝滑动,丧失预应力。

在先张法预应力混凝土构件中,预应力钢筋间或锚具间的净距与保护层,应根据浇筑混凝土、施加预应力及钢筋锚固等要求确定,并符合下列规定。

(1) 预应力粗钢筋的净距不应小于其直径,且不小于 30mm。

(2) 预应力钢丝的净距不应小于 15mm,对于冷拔低碳钢丝,当排列有困难时,可以两根并列。

(3) 预应力钢丝束之间或锚具之间的净距不应小于钢丝束直径,且不小于 60mm。

(4) 预应力钢丝束与埋入式锚具之间的净距不应小于 20mm。

2) 混凝土保护层厚度

在先张法预应力混凝土构件中,Ⅰ类环境条件下,预应力钢筋及埋入式锚具与构件表面之间的保护层厚度不应小于 30mm,钢绞线的保护层厚度不应小于其直径的 1.5 倍,且对于 7 股钢绞线,不应小于 25mm,对于钢丝不小于 30mm。

3) 构件端部构造

在先张法预应力混凝土构件中,为防止在预应力钢筋放松时,构件端部发生纵向裂缝,预应力粗钢筋端部周围的混凝土应采用下列局部加强措施。

(1) 对单根预应力钢筋(如板肋的配筋),其端部宜设计长度不小于 150mm 的螺旋筋,见图 3-13a)。当钢筋直径 $d<16$mm 时,也可利用支座垫板上的插筋代替螺旋筋,见图 3-13b),但插筋数量不应少于 4 根,其长度不宜小于 120mm。

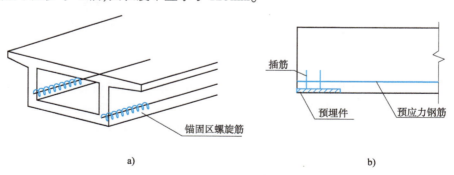

图 3-13 构件端部加强措施

(2) 当采用多根预应力钢筋时,在构件端部 $10d$(d 为预应力钢筋直径)范围内,应设置 3~5 片钢筋网,如图 3-14 所示。

(3) 对采用钢丝配筋的预应力混凝土薄板,在板端 100mm 范围内应适当加密横向钢筋数量。

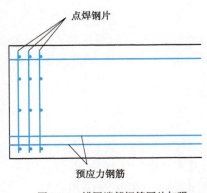

图 3-14 锚固端部钢筋网片加强

5. 后张法构件的构造要求

1) 预应力钢筋的布置

在后张法预应力混凝土构件中,预应力钢筋常见的布置方式有以下两种:

(1) 如图 3-15a) 所示布置方式,所有的钢绞线、钢丝束均伸到梁端,它适合于用粗大钢丝束配筋的中小跨径桥梁。

(2) 如图 3-15b) 所示布置方式,有一部分钢绞线、钢丝束不伸到梁端,而在梁的顶面截断锚固,这样能更好地符合弯矩的要求,并可缩短钢筋长度,它适合小钢丝束配筋的大跨径桥梁。

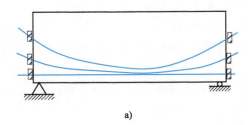
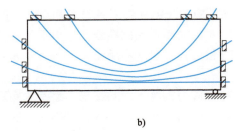

图 3-15 纵向预应力钢筋布置形式

2) 弯起预应力钢筋(或弯起钢筋束)的形式与曲率半径

弯起预应力钢筋的形式,原则上宜为抛物线;若施工方便,则宜采用悬链线或采用圆弧弯起,并以切线伸出梁端或梁顶面。弯起部分的曲率半径宜按下列规定确定:

(1) 丝束、钢绞线直径等于或小于 5mm 时,不宜小于 4m;钢丝直径大于 5mm 时,不宜小于 6m。

(2) 精轧螺纹钢筋的直径等于或小于 25mm 时,不宜小于 12m;直径等于大于 25mm 时,不宜小于 15m。

3) 预应力钢筋管道的布置

对于后张法预应力混凝土构件,预应力钢丝束预留孔道的水平净距,应保证混凝土中最大集料在浇筑混凝土时能顺利通过,同时也要保证预留孔道间不致串孔(金属预埋波纹管除外)和符合锚具布置的要求等。钢丝束之间的竖向间距,可按设计要求确定。

4) 构件端部构造

为了防止施加预应力时在构件端部截面产生纵向水平裂缝,不仅要求在靠近支座部分将一部分预应力钢筋弯起,而且预应力钢筋应在构件端部均匀布置。同时,需将锚固区段内的构件截面加宽,构件端部尺寸应考虑锚具的布置、张拉设备的尺寸和局部承压的要求。预应力钢筋锚固区段应设置封闭式箍筋或其他形式的构造钢筋。

预应力钢筋依靠锚具锚固于构件,锚下应设置钢垫板(其厚度应根据板的大小、张拉吨位及锚具形式确定,但不小于 16mm)或设置具有喇叭管的锚具垫板,并应在锚下构件内设置钢筋网或螺旋筋进行局部加强。

对于埋置在梁体内的锚具,在预加应力完毕后,在其周围应设置钢筋网,然后灌注混凝土,封锚混凝土强度等级不宜低于梁体本身混凝土的 80%,也不宜低于 C30。

长期外露的金属锚具应采取涂刷或砂浆封闭等防锈措施。

【任务解答】

小　　结

预应力混凝土结构在实际工程中应用广泛,本学习情境要求学生能够掌握预应力混凝土结构的工作原理、施工工艺及与普通混凝土结构相比所具有的优缺点;了解我国对预应力混凝土结构的分类;工程施工中对预应力材料的要求;了解在施工过程中所用到的锚具、夹具和其他机械设备;能够理解在预应力施工中对结构的一些构造要求,掌握预应力混凝土结构中的预应力损失。

【想一想】

3-1　何谓预应力混凝土？与普通钢筋混凝土构件相比,预应力混凝土构件有何优缺点？
3-2　预应力混凝土分为哪几类？各有何特点？
3-3　在施加预应力工艺中,何谓先张法与后张法？它们主要区别何在？试简述它们的优缺点及其应用范围。
3-4　试简述常见的预应力锚具。
3-5　预应力损失有哪几种？各种损失产生的原因？减小各项损失的措施有哪些？
3-6　什么是预应力松弛？为什么超张拉可以减小松弛损失？
3-7　在预应力混凝土构件中,非预应力钢筋对构件受力性能有何影响？
3-8　简述常见的纵向预应力筋布筋方式。

单元四

钢结构检算

学习项目一 钢结构连接检算

【学习目标】
1. 掌握钢结构的基本概念及类型；
2. 掌握钢结构的焊接方法；
3. 掌握钢结构对接焊缝连接检算；
4. 掌握螺栓连接的方法；
5. 掌握普通螺栓连接和高强度螺栓连接检算。

【任务概况】
（1）采用对接焊缝连接两块 Q235 钢板，截面已知，手工电弧焊，焊条 E43，焊接质量三级。承受轴心拉力设计值已知，试对焊缝强度进行检算。

（2）两截面为 Q235 钢板，连接采用双盖板，其截面、强度已知。C 级普通螺栓拼接，螺栓采用 M20，承受轴心拉力设计值已知，试检算此连接。

（3）截面为 300×16 的轴心受拉钢板，用双盖板和摩擦型高强度螺栓连接。已知连接钢板钢材及螺栓规格，且接触面喷砂后涂无机富锌漆，承受轴力已知，试检算此连接。

请在学习完以下知识后，给出答案。

任务一 钢结构的基本概念及连接方法

钢结构的概念

钢结构是用型材或板材制成的拉杆、压杆、梁、柱、桁架等构件，采用焊缝或螺栓连接而成的结构。钢结构在土木建筑工程中有着广泛的应用和广阔的前景，其发展在我国迎来了一个前所未有的时期。钢结构的主要应用范围有：工业厂房、大跨度结构、多层及高层结构、高耸结构物、桥梁结构、板壳结构、轻钢结构等。与混凝土结构、砌体结构等其他结构相比，钢结构明显的性能特点有：强度高、重量轻、材质均匀；生产与安装工业化程度高、抗震及抗动力荷载性能好、气密性及水密性好、耐热性好，但防火性差、抗腐蚀性较差。

钢结构的连接方法

钢结构连接方法的合理性及其连接质量的优劣直接影响钢结构的工作性能。钢结构的连接应符合安全可靠、构造简单、传力明确、施工方便和节约钢材等原则。连接接头应有足够的强度，应该有施行连接手段的足够空间。

钢结构的连接方法有焊接连接、螺栓连接和铆钉连接三种，如图 4-1 所示。

焊接连接不削弱构件截面，任何方位和角度都可直接连接，刚度大，构造简单，施工方便，可采用自动化作业使生产效率提高，是目前钢结构连接中应用最普遍的连接方法。但是，在焊缝附近的钢材，因焊接高温的影响可能致使某些部位材质变脆；焊缝的塑性和韧性较差，施焊时可能产生缺陷，致使疲劳强度降低；焊接结构刚度大，局部裂纹易扩展到整体，尤其是在低温下易发生脆断;焊接过程中钢材所受高温与冷却分布不均,致使结构产生焊接残余应力和残余变形,对结构的承载力、刚度和使用性能有一定影响。

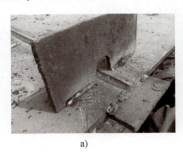 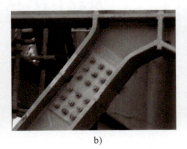 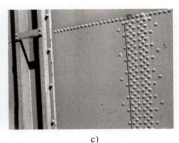

图 4-1 钢结构的连接方法
a)焊接连接;b)螺栓连接;c)铆钉连接

螺栓连接有普通螺栓连接和高强度螺栓连接两种。连接施工工艺简单,安装方便,特别适用于工地安装连接;同时装拆方便,适用于需要装拆结构的连接和临时性连接。但是,螺栓孔对构件截面有削弱,常需搭接或增设辅助连接板,结构复杂,多费钢材;需要在板件上开孔和拼装时对孔,工作量大,且对制造精度要求较高。

铆钉连接传力均匀可靠,塑性与韧性好,对常受动力荷载作用的重要结构比较适用,如铁路钢桥仍有采用铆钉连接的。但是构造复杂、费工费料、打铆噪声大、劳动强度高,目前在钢结构已较少采用,基本已被焊接和高强度螺栓连接所取代。

任务二 钢结构焊接连接检算

一、焊接方法

钢结构的焊接方法有电弧焊、电阻焊和气焊。其中常用的是电弧焊,包括手工电弧焊、埋弧焊(自动或半自动)、气体保护焊等。

1. 手工电弧焊

手工电弧焊是钢结构中最常用的焊接方法。它是由焊条、焊钳、焊件、电焊机和导线组成电路的,见图 4-2。通电打火引弧后,在涂有焊药的焊条端和焊件之间的间隙中产生电弧,利用其产生的高温(约 3000℃),使焊条熔化滴入被电弧加热熔化并吹成的焊口熔池中,同时焊药燃烧,在熔池周围形成保护气体,稍冷后在焊缝熔化金属的表面再形成熔渣,隔绝熔池中的液态金属和空气中的氧、氮等气体接触,避免形成脆性化合物。焊缝金属冷却后即与焊件母材熔成一体。

手工电弧焊的设备简单,操作灵活方便,适于任意空间位置的焊接,对一些短焊缝、曲折焊缝以及现场高空施焊尤为方便,应用十分广泛。但其焊缝质量波动性大,生产效率低,劳动强度大,焊接质量一定程度上取决于焊工的技术水平。

手工电弧焊的焊条应与焊件钢材(主体金属)相匹配,一般情况下,Q235 钢采用 E43 型焊条(E4300~E4328);Q345 钢采用 E50 型焊条(E5000~E5048);Q390 钢和 Q420 钢采用 E55 型焊条(E5500~E5518)。其中,E 表示焊条,前两位数字表示焊条熔敷金属抗拉强度的最小值,第三、四位数字表示适用焊接位置、电流以及药皮类型等。当不同强度的两种钢材进行连接时,应采用与低强度钢材相适应的焊条,即采用低组配方案。

 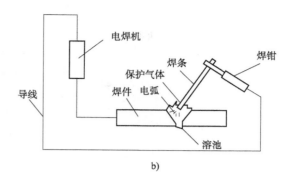

图 4-2 手工电弧焊

2. 埋弧焊

埋弧焊是电弧在焊剂层下燃烧的一种电弧焊方法。自动埋弧焊的全部设备装在一小车上,小车沿轨道按规定速度移动,通电引弧后,埋在焊剂下的焊丝及附近焊件被电弧熔化,而焊渣即浮在熔化了的金属表面,将焊剂埋盖,可有效地保护熔化金属,见图 4-3。当焊机的移动是由人工操作时,称为半自动埋弧焊。自动(或半自动)埋弧焊所用焊丝和焊剂应与主体金属强度相适应,即要求焊缝与主体金属等强度。

 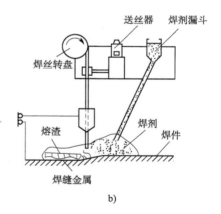

图 4-3 自动埋弧焊

自动埋弧焊的焊缝质量比手工电弧焊好,特别适用于焊接较长的直线焊缝,半自动埋弧焊的质量介于二者之间,由于是人工操作,故适应曲线焊或任意形式的焊缝。与人工电弧焊相比,自动(或半自动)埋弧焊的焊接速度快,生产效率高,劳动条件好,成本低。

3. 气体保护焊

气体保护焊是用喷枪喷出 CO_2 气体(或惰性气体)作为电弧的保护介质,把电弧、熔池与大气隔离,它直接依靠保护气体在电弧周围形成局部保护层,来防止有害气体的侵入而保持焊接过程的稳定,气体保护焊又称气电焊,见图 4-4。

气体保护焊的优点是电弧加热集中,熔化深度大,焊缝强度高,塑性和抗腐蚀性能好,在操作时也可采用自动或半自动焊方法;由于焊接时没有熔渣,焊工能够清楚地看到焊缝的成型过程,熔滴过渡平缓,焊缝强度比手工电弧焊高,适用于全位置的焊接。其缺点是设备复杂,电弧光较强,焊缝表面成型不如电弧焊平滑,一般用于厚钢板或特厚钢板的焊接。若在工地等有风的地方施焊,则须搭设防风棚。

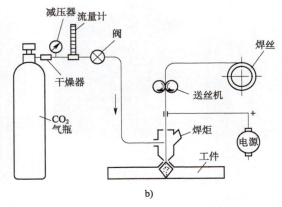

图 4-4 CO_2 气体保护焊

焊缝形式

(1) 按焊缝的构造形式不同分类,有对接焊缝和角焊缝两种形式。对接焊缝按作用力与焊缝方向之间的位置关系,有对接正焊缝和对接斜焊缝;角焊缝有正面角焊缝(端焊缝)、侧面角焊缝(侧焊缝)和斜向角焊缝(斜焊缝),如图 4-5 所示。

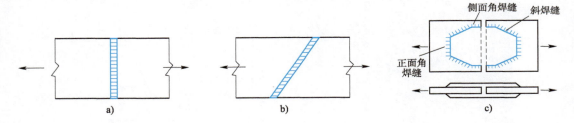

图 4-5 对接焊缝和角焊缝
a) 对接正焊缝;b) 对接斜焊缝;c) 角焊缝

(2) 按被连接构件之间的相对位置,有平接、搭接、T 形连接和角接四种形式,如图 4-6 所示。

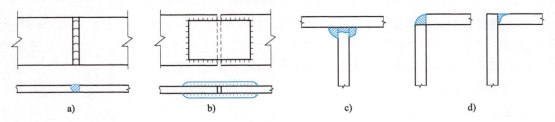

图 4-6 焊缝形式
a) 平接;b) 搭接;c) T 形;d) 角接

(3) 按焊缝在施焊时的空间相对位置分类,有平焊、竖焊、横焊和仰焊四种形式,如图 4-7 所示。平焊也称为俯焊,施焊条件最好,质量最好;仰焊的施焊条件最差,质量不易保证,在设计和制造时应尽量避免。

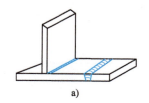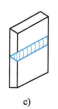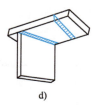

图 4-7 焊缝形式
a)平焊;b)竖焊;c)横焊;d)仰焊

三 焊接接头

焊接接头的常用形式有三种,即对接、搭接和角接(图4-8)。两焊件位于同一平面内的连接为对接;不在同一平面上的两焊件交搭相连为搭接;两焊件依一定角度(通常为直角)互相连接者为角接。

如图 4-8a)所示为采用对接焊缝的对接连接。对接连接主要用于厚度相同或接近相同的两构件的相互连接,对接焊缝用料经济,传力均匀平顺,没有明显的应力集中,对承受动力荷载的构件采用对接焊缝较为有利,是主要受力的接头连接形式。但是焊件边缘需要加工,被连接两板的间隙和坡口尺寸有严格的要求。

如图 4-8b)所示为用角焊缝的搭接连接,适用于不同厚度构件的连接。其传力不均匀、材料较贵,但构造简单、施工方便,目前应用广泛。

如图 4-8c)所示的角部连接主要用于制作箱形截面。

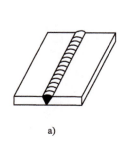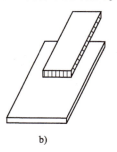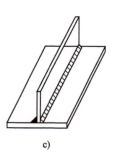

图 4-8 焊接接头形式
a)对接;b)搭接;c)角接

四 焊缝符号

为了便于施工,应采用焊缝符号标明在钢结构施工图中。《焊缝符号表示法》规定:焊缝代号由引出线、图形符号和辅助符号三部分组成。引出线由带箭头的指引线(箭头线)和两条基准线(一条为实线,另一条为虚线)两部分组成。箭头指到图形上的相应焊缝处,横线的上面和下面用来标注图形符号和焊缝尺寸。当引出线的箭头指向焊缝所在的一面时,应将图形符号和焊缝尺寸等标注在水平横线的上面;当箭头指向对应焊缝所在的另一面时,则应将图形符号和焊缝尺寸标注在水平横线的下面。如果为双面对称焊缝,基准线可以不加虚线。对有坡口的焊缝,箭头线应指向带有坡口的一侧。必要时,可在水平横线的末端加一尾部作为其他说明之用。

图形符号表示焊缝的基本形式,如用 V 表示 V 形坡口的对接焊缝,用表示角焊缝;辅助符号表示焊缝的辅助要求,如用表示现场安装焊缝等。当焊缝分布比较复杂或用上述标注方法不能表达清楚时,在标注焊缝代号的同时,可在图形上加栅线表示。表 4-1 列出了部分常用焊缝符号。

部分常用焊缝符号　　　　　表 4-1

	角　焊　缝				对接焊缝	塞焊缝	三面围焊
	单面焊缝	双面焊缝	安装焊缝	相同焊缝			
形式							
标注方法							

注:h_f——角焊缝尺寸;α——坡口角度;b——焊件间隙;p——钝边高度。

五 焊缝缺陷及质量检验

1. 焊缝缺陷

焊缝连接的缺陷是指在焊接过程中,产生于焊缝金属或附近热影响区钢材表面或内部的缺陷。常见的缺陷有裂纹、焊瘤、烧穿、弧坑、气孔、夹渣、咬边、未熔合、未焊透以及焊缝尺寸不符合要求、焊缝成形不良等,如图 4-9 所示。其中裂纹是焊缝连接中最危险的缺陷。

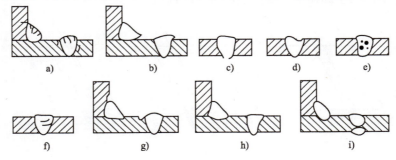

图 4-9　焊缝缺陷
a)裂纹;b)焊瘤;c)烧穿;d)弧坑;e)气孔;f)夹渣;g)咬边;h)未熔合;i)未焊透

上述缺陷将直接影响焊缝质量和连接强度,使焊缝受力面积削弱,且在缺陷处引起应力集中,导致产生裂纹,并使裂纹扩展引起断裂。

2. 焊缝质量检验

焊缝质量检验一般包括外观检查和内部无损检验,外观检查是对外观缺陷和几何尺寸进行检查;内部无损检验目前广泛采用超声波检验,虽然使用灵活、反应灵敏、经济,但不易识别缺陷性质。有时还采用磁粉检验、荧光检验作为辅助检验方法。此外还可采用 X 射线、γ 射线透照、拍片等方法。

《钢结构工程施工质量验收规范》(GB 50205—2001)规定焊缝按其检验方法和质量要求分为三级,其中三级焊缝只要求对全部焊缝作外观检查;二级焊缝除要对全部焊缝作外观检查外,还须对部分焊缝作超声波等无损探伤检查;一级焊缝要求对全部焊缝作外观检查及无损探伤检查,这些检查都应符合各自的检验质量标准。

六、对接焊缝的构造与计算

1. 对接焊缝的构造

根据施焊的需要,对接焊缝的焊件常将焊件边缘做成坡口形式,故又称为坡口焊缝。坡口形式与焊件厚度有关,其坡口形式有:I 形、单边 V 形、V 形、U 形、K 形和 X 形,见图 4-10。

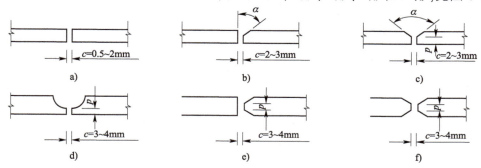

图 4-10 对接焊缝的坡口形式
a) I 形;b) 单边 V 形;c) V 形;d) U 形;e) K 形;f) X 形

当焊件厚度很小(手工焊小于 6 mm,埋弧焊小于 10 mm)时,可采用 I 形坡口;当焊件厚度 $t=6\sim20\text{mm}$ 时,可采用单边 V 形或 V 形坡口,正面焊好后在背面要清底补焊;当焊件厚度 $t>20\text{mm}$ 时,宜采用 U 形、K 形和 X 形坡口,且优先采用 K 形和 X 形坡口,从双面施焊。对接焊缝坡口形式的选用,应根据板厚和施工条件,按现行标准《手工电弧焊焊接接头的基本形式与尺寸》和《埋弧焊焊接接头的基本形式与尺寸》的要求进行。

在对接焊缝的拼接处:当焊件的宽度不同或厚度在一侧相差 4mm 以上时,应分别在宽度方向或厚度方向从一侧或两侧做成坡度不大于 1:2.5 的斜角,如图 4-11 所示,以使截面过渡和缓,减小应力集中。

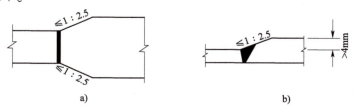

图 4-11 钢板拼接
a) 不同宽度;b) 不同厚度

在焊缝的起灭弧处,常会出现弧坑等缺陷,这些缺陷对承载力影响极大,使结构的动力性能变差。为消除焊口影响,焊接时一般应设置引弧板和引出板,如图 4-12 所示,焊后将它割除。对受静力荷载的结构设置引弧(出)板有困难时,允许不设置引弧(出)板,此时可令焊缝计算长度等于实际长度减 $2t$(t 为较薄焊件厚度)。

2. 对接焊缝的计算

(1)轴心力作用时对接焊缝的计算

如图 4-13 所示,矩形截面的对接焊缝,其强度计算按下式进行:

$$\sigma = \frac{N}{l_w t} \leqslant f_t^w \text{ 或 } f_c^w$$

式中：N——轴心拉力或轴心压力；

l_w——对接焊缝的计算长度，当采用引弧板施焊时，取焊缝实际长度；当未采用引弧板施焊时，每条焊缝取实际长度减去 $2t$；

t——在对接接头中为连接件的较小厚度，在 T 形接头中为腹板厚度；

f_t^w、f_c^w——对接焊缝的抗拉、抗压设计强度。

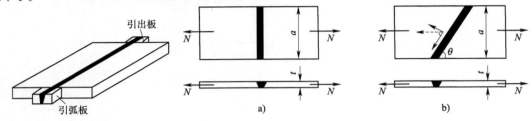

图 4-12 焊缝的引弧（出）板　　图 4-13 轴心力时对接焊缝的计算

当焊缝连接的强度低于焊件的强度时，为了提高连接的承载能力，可改用斜焊缝。但用斜焊缝时焊件较费材料。《钢结构设计规范》（GB 50017—2003）（以下简称《钢结构规范》）规定，当斜焊缝和作用力间夹角 θ 符合 $\tan\theta \leqslant 1.5$ 时，其强度已超过母材，可不再验算焊缝强度。

【例 4-1】　采用对接焊缝连接两块截面为—460×10 的 Q235 钢板，$f_t^w = 185\text{N/mm}^2$，手工电弧焊，焊条 E43，焊接质量三级。承受轴心拉力设计值 $N = 845\text{ kN}$，试验算焊缝强度。

解：

(1) 不采用引弧板施焊时

$$l_w = 460 - 2t = 460 - 2 \times 10 = 440 \text{mm}$$

$$\sigma = \frac{N}{l_w t} = \frac{845000}{440 \times 10} = 192 \text{N/mm}^2 > f_t^w = 185 \text{N/mm}^2，不符合要求。$$

(2) 采用引弧板施焊时

$$\sigma = \frac{N}{l_w t} = \frac{845000}{460 \times 10} = 183.7 \text{N/mm}^2 < f_t^w = 185 \text{N/mm}^2，符合要求。$$

(2) 弯矩、剪力共同作用时对接焊缝的计算

如图 4-14a) 所示是矩形截面的对接焊缝，截面上的正应力与剪应力分布为三角形与抛物线形，最大正应力和剪应力分别满足下列强度条件：

$$\sigma_{max} = \frac{M}{W_w} = \frac{6M}{l_w^2 t} \leqslant f_t^w，\tau_{max} = \frac{VS_w}{I_w t} = \frac{3}{2} \cdot \frac{V}{l_w t} \leqslant f_v^w$$

式中：W_w——对接焊缝模量；

S_w——对接焊缝中性轴面积矩；

I_w——对接焊缝中性轴惯性矩；

f_v^w——对接焊缝的抗剪设计强度。

如图 4-14b) 所示是工字形截面梁的接头，采用对接焊缝，除应分别验算最大正应力和剪应力外，对于同时受较大正应力和较大剪应力处的腹板与翼缘交接点，还应按下式验算折算应力：

$$\sqrt{\sigma_1^2 + 3\tau_1^2} \leqslant 1.1 f_t^w$$

式中：σ_1、τ_1——验算点处的焊缝正应力和剪应力；

1.1——最大折算应力只在局部出现，强度设计值适当提高的系数。

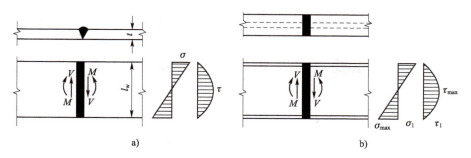

图 4-14 受弯矩和剪力的对接焊缝
a)矩形截面焊缝;b)工字形截面焊缝

七、角焊缝的构造与计算

1.角焊缝的形式

角焊缝按两焊脚边的夹角不同分为直角角焊缝和斜角角焊缝。

在钢结构的连接中,最为常见的是直角角焊缝,其截面形式通常做成表面微凸的等腰三角形截面,如图 4-15a)所示。在直接承受动力荷载的结构中,正面角焊缝的截面如图 4-15b)所示,侧面角焊缝的截面如图 4-15c)所示。直角角焊缝的有效厚度 $h_e = h_f \cos 45° = 0.7 h_f$,$h_f$ 称为角焊缝的焊脚尺寸,有效厚度 h_e 所在的截面称为有效截面。常认为角焊缝的破坏都发生在有效截面。

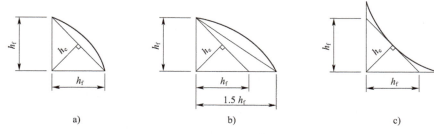

图 4-15 直角角焊缝截面
a)普通型;b)平坦型;c)凹面型

两焊脚边的夹角 $\alpha > 90°$ 或 $\alpha < 90°$ 的焊缝称为斜角角焊缝,如图 4-16 所示。斜角角焊缝常用于钢漏斗和钢管结构中。对于夹角 $\alpha > 135°$ 或 $\alpha < 60°$ 的斜角角焊缝,除钢管结构外,不宜用作受力焊缝。

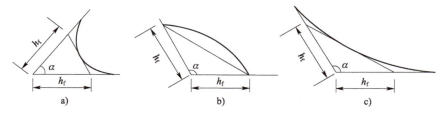

图 4-16 斜角角焊缝截面

2.角焊缝的构造要求

(1)最大焊脚尺寸

如焊脚尺寸过大,连接中较薄的焊件容易烧伤和穿透。除钢管结构外,角焊缝的焊脚尺寸不宜大于较薄焊件厚度 t 的 1.2 倍,即 $h_f \leq 1.2t$,如图 4-17 所示。

当角焊缝贴着板边施焊时,如焊脚尺寸过大,有可能烧伤板边,产生咬边现象。为此贴板边施焊的角焊缝还应符合下列要求:

① 当 $t>6$mm 时,$h_f \leq t-(1\sim 2)$mm;
② 当 $t \leq 6$mm 时,$h_f \leq t$。

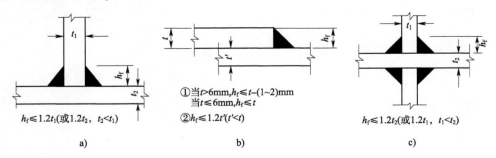

图 4-17 最大焊脚尺寸

(2) 最小焊脚尺寸

焊缝的冷却速度和焊件的厚度有关,焊件越厚则焊缝冷却越快,很容易产生裂纹;焊件越厚,以致施焊时焊缝冷却越快而产生淬硬组织,使母材开裂;当焊件刚度较大时,焊缝也容易产生裂纹。现行《钢结构规范》规定:角焊缝的焊脚尺寸 h_f 不得小于 $1.5\sqrt{t}$,t 为较厚焊件厚度(mm)。计算时,焊脚尺寸取毫米的整数,小数点以后的数都进为 1。自动焊熔深较大,故所取最小焊脚尺寸可减小 1mm;对于 T 形连接的单面角焊缝,应增加 1mm。当焊件厚度小于或等于 4 mm 时,则取与焊件厚度相同。

(3) 角焊缝的最大计算长度

侧面角焊缝在弹性阶段沿长度方向受力不均匀,两端大而中间小,并且随着焊缝的长度与厚度之比不同,其差别也各不相同。当长度与厚度之比过大时,侧面焊缝的端部应力就会达到极值而破坏,而中部焊缝的承载能力还得不到充分发挥,这对承受动态荷载的构件尤其不利。故一般规定:在静态荷载作用下,不宜大于 $60h_f$;侧面角焊缝在动态荷载作用下,其计算长度不宜大于 $40h_f$。当实际长度大于上述限值时,其超过部分在计算中不予考虑。若内力沿侧面角焊缝全长分布,其计算长度不受此限,如梁及柱的翼缘与腹板的连接焊缝等。

(4) 角焊缝的最小计算长度

焊缝的厚度大而长度过小时,会使焊件局部加热严重,且起落弧的弧坑相距太近,加上一些可能产生的缺陷,使焊缝强度不够。因此,侧面角焊缝或正面角焊缝的计算长度不得小于 $8h_f$ 和 40 mm。

(5) 搭接连接的构造要求

在搭接连接中,当仅采用正面角焊缝时,其搭接长度不得小于焊件较小厚度的 5 倍,也不得小于 25mm。

当板件端部仅有两条侧面角焊缝连接时,为使连接强度不致过分降低,每条侧焊缝的长度不宜小于两侧焊缝之间的距离,即 $b/l_w \leq 1$,两侧面角焊缝之间的距离 b 也不宜大于 $16t$($t>12$mm)或 200 mm($t \leq 12$ mm,t 为较薄焊件的厚度),以免因焊缝横向收缩,引起板件向外发生较大拱曲,如图 4-18 所示。

所有围焊的转角处必须连接施焊。对于非围焊情况,当角焊缝的端部在构件转角处时,可

连续地做长度为 $2h_f$ 的绕角焊,如图 4-18 所示。

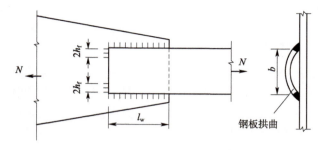

图 4-18 搭接连接的构造要求

3. 角焊缝的强度计算

(1) 在通过焊缝形心的拉力、压力或剪力作用下

正面角焊缝(作用力垂直于焊缝长度方向):

$$\sigma_f = \frac{N}{h_e l_w} \leq \beta_f f_f^w$$

侧面角焊缝(作用力平行于焊缝长度方向):

$$\tau_f = \frac{N}{h_e l_w} \leq f_f^w$$

(2) 在各种力综合作用下,σ_f 和 τ_f 共同作用处

$$\sqrt{\left(\frac{\sigma_f}{\beta_f}\right)^2 + \tau_f^2} \leq f_f^w$$

式中:σ_f——按焊缝有效截面($h_e l_w$)计算,垂直于焊缝长度方向的应力;

τ_f——按焊缝有效截面计算,沿焊缝长度方向的剪应力;

h_e——角焊缝的计算厚度,对直角角焊缝等于 $0.7h_f$,h_f 为焊脚尺寸(图 4-15);

l_w——角焊缝的计算长度,对每条焊缝取其实际长度减去 $2h_f$;

f_f^w——角焊缝的强度设计值;

β_f——正面角焊缝的强度设计值增大系数:对承受静力荷载和间接承受动力荷载的结构,$\beta_f = 1.22$;对直接承受动力荷载的结构,$\beta_f = 1.0$。

任务三 钢结构螺栓连接检算

螺栓连接可分为普通螺栓连接和高强度螺栓连接两种。普通螺栓通常采用 Q235 钢材制成,安装时用普通扳手拧紧;高强度螺栓则用高强度钢材经热处理制成,用能控制扭矩或螺栓拉力的特制扳手拧紧到规定的预拉力值,把被连接件高度夹紧。

 一 普通螺栓连接

1. 规格

普通螺栓一般都用 Q235 钢制成,钢结构采用的普通形式为大六角头型,其代号用字母 M 和公称直径的毫米数表示,工程中常用 M18、M20、M22 和 M24。普通螺栓分为 A、B、C 三个等级,A、B 级属精制螺栓,C 级属粗制螺栓。

C 级螺栓材料性能等级为 4.6 级或 4.8 级。小数点前的数字表示螺栓成品的抗拉强度不小于 400 N/mm²,小数点及小数点以后数字表示其屈强比(屈服点与抗拉强度之比)为 0.6 或 0.8。A 级和 B 级螺栓性能等级为 8.8 级,其抗拉强度不小于 800 N/mm²,屈强比为 0.8。

根据加工的精细程度不同,螺栓孔分为 Ⅰ 类和 Ⅱ 类。A、B 级螺栓要求配用 Ⅰ 类孔,其孔径只比螺栓直径大 0.3~0.5 mm,A、B 级螺栓是由毛坯在车床上经过切削加工精制而成,加工精度高,连接紧密,传力性能好,但制作和安装复杂,价格较高,已很少在钢结构中采用;C 级螺栓可配用 Ⅱ 类孔,其孔径比螺栓直径大 1.5~3.0mm,C 级螺栓由未经加工的圆钢轧制而成,加工粗糙,传力性能较差,但制造安装方便,价格较低,能有效地传递拉力,可多次重复拆卸使用。

螺栓的选择应根据结构尺寸和受力情况而定。受力螺栓一般为 M≥16,在一些受拉或拉剪联合作用的临时安装连接中,经常采用 C 级螺栓。

2. 构造要求

螺栓在构件上的排列应简单、统一、整齐而紧凑,通常有并列和错列两种形式,见图 4-19。并列排列简单整齐,所用连接板尺寸小,但由于螺栓孔的存在,对构件截面削弱较大;错列排列可以减小螺栓孔对截面的削弱,但栓孔排列不紧凑,连接板尺寸较大。螺栓排列应满足下列要求:

(1)受力要求

在垂直受力方向上,受拉构件各排螺栓的中距及边距不能过小,以免使钢板的截面削弱过多,降低其承载能力;在顺力作用方向上,端距应按被连接件材料的抗压及抗剪切等强度条件确定,以使钢板在端部不致被螺栓撕裂。《钢结构规范》规定端距不应小于 $2d_0$,对受压构件,沿作用力方向的栓距中距不宜过大,否则在被连接的板件间易发生鼓曲现象。

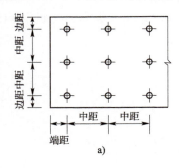 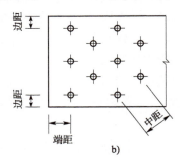

图 4-19 螺栓的排列
a)并列;b)错列

(2)构造要求

螺栓的中距边距不宜过大,以保证钢板间接触面连接紧密,防止潮气侵入缝隙使钢材发生锈蚀。

(3)施工要求

螺栓间应保持足够距离,便于用扳手拧紧螺帽。根据扳手尺寸和工人的施工经验,规定最小中距为 $3d_0$。根据以上要求,《钢结构规范》规定钢板螺栓的容许距离详见图 4-19 及表 4-2。角钢、工字钢、槽钢、H 型钢上的螺栓排列,除应满足表 4-2 要求外,其螺栓线距见规范。

螺栓的最大、最小容许距离 表 4-2

名称	位置和方向			最大容许距离（取两者的较小值）	最小容许距离
中心距离	外排（垂直内力方向或顺内力方向）			$8d_0$ 或 $12t$	$3d_0$
	中间排	垂直内力方向		$16d_0$ 或 $24t$	
		顺内力方向	构件受压力	$12d_0$ 或 $18t$	
			构件受拉力	$16d_0$ 或 $24t$	
中心至构件边缘距离	顺内力方向			$4d_0$ 或 $8t$	$2d_0$
	垂直内力方向	剪切边或手工气割边			$1.5d_0$
		轧制边、自动气割或锯割边	高强度螺栓		$1.5d_0$
			其他螺栓或铆钉		$1.2d_0$

3. 工作性能及计算

（1）工作性能

普通螺栓连接按传力方式不同，有抗剪螺栓连接（依靠螺栓的承压和抗剪来传递外力）、抗拉螺栓连接（由螺栓直接承受拉力来传递外力）和同时抗拉抗剪螺栓连接（依靠螺栓同时承受剪力和拉力来传递外力）三种，如图 4-20 所示。

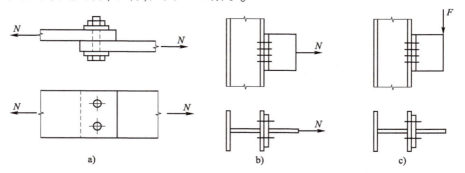

图 4-20　普通螺栓连接的传力方式
a) 抗剪螺栓连接；b) 抗拉螺栓连接；c) 同时抗拉抗剪螺栓连接

受剪螺栓连接 [图 4-20a)] 的工作阶段可分为弹性阶段、相对滑移阶段和弹塑性阶段。在第一阶段，作用外力靠被连接件之间的摩擦阻力（大小取决于拧紧螺栓时螺杆中所形成的初拉力）来传递，被连接件之间的相对位置不变；第二阶段，被连接件之间的摩擦阻力被克服，连接件之间有相对滑移，直至栓杆和孔壁靠紧；第三阶段，螺栓杆开始受剪，同时孔壁受到挤压，连接的承载力随之增加，随着外力的增加，连接变形迅速增大，直至达到极限状态而破坏。破坏形式有五种可能：螺栓杆剪断、孔壁被挤压坏、构件沿净截面处被拉断、构件端部剪坏和螺栓杆弯曲破坏。前三种破坏形式通过相应的强度计算来防止，后两种可采取相应的构造措施来保证。

抗拉螺栓连接 [图 4-20b)] 中，在外力 N 的作用下，构件相互间有分离趋势，从而使螺栓沿杆轴方向受拉。受拉螺栓的破坏形式是栓杆被拉断，其部位多在被螺纹削弱的截面处，如图 4-20b) 所示。

同时抗拉抗剪螺栓连接 [图 4-20c)] 中，由于 C 级螺栓的抗剪能力差，故对重要连接一般均应在端板下设置支托，以承受剪力。对次要连接，若端板下不设支托，则螺栓将同时承受剪力和沿杆轴方向的拉力的作用。

(2) 抗剪螺栓连接计算

① 单个抗剪螺栓承载力设计值

单个抗剪螺栓抗剪承载力设计值：

$$N_v^b = n_v \cdot \frac{\pi d^2}{4} \cdot f_v^b$$

单个抗剪螺栓承压承载力设计值：

$$N_c^b = d \sum t \cdot f_c^b$$

式中：n_v——螺栓受剪面数，单剪为 1，双剪为 2，多剪大于 2；

　　　d——螺栓直径；

　　　$\sum t$——同一方向承压构件厚度之和的较小值；

　　　f_v^b, f_c^b——螺栓的抗剪和承压强度设计值，按规范采用。

单个抗剪螺栓承载力设计值：

$$N_{min}^b = \min\{N_v^b, N_c^b\}$$

② 抗剪螺栓群的计算

在轴心拉力 N 的作用下，在弹性工作阶段，顺力方向各螺栓受力不均匀，两端大，中间小，且螺栓群越长，受力就越不均匀，如图 4-21 所示。当首尾两螺栓之间距离 $l_1 \leq 15d_0$（d_0 为孔径）时，连接进入弹塑性工作阶段后，因内力重分布，各螺栓受力趋于相等。按每个螺栓受力完全相同，则连接一侧所需的螺栓数目为：

$$n \geq \frac{N}{N_{min}^b}$$

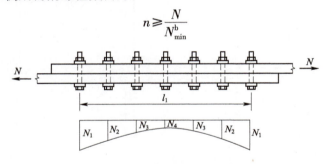

图 4-21　净截面面积的选择

当 $l_1 > 15d_0$ 时，连接进入弹塑性阶段后，各螺栓受力也不容易均匀，为防止端部螺栓先达到极限强度而破坏，随后依次向内逐个破坏，《钢结构规范》规定，各螺栓受力仍可按均匀分布计算，但单个抗剪螺栓承载力设计值应乘以折减系数 β 予以降低：

$$\beta = 1.1 - \frac{l_1}{150d_0}$$

③ 构件净截面强度验算

$$\sigma = \frac{N}{A_n} \leq f$$

式中：A_n——构件或连接板最薄弱截面净截面面积。在图 4-22a) 中，若为并列布置，应为 I 或 III 截面处构件或连接板的净截面面积；若为错列布置，则应为沿孔折线 [图中 4-22b) 3-1-4-2-5] 所截得的最小净截面面积。

　　　f——钢材的抗拉（或抗压）强度设计值。

【例 4-2】 两截面为 -400×14 的 Q235 钢板，$f = 215\text{N/mm}^2$，连接采用双盖板，截面 -400×7、Q235 钢。C 级普通螺栓拼接，螺栓采用 M20，直径 $d_0 = 21.5\text{mm}$，$f_v^b = 140\text{N/mm}^2$，$f_c^b = 305\text{N/mm}^2$，承受轴心拉力设计值 $N = 940\text{kN}$，试检算此连接。

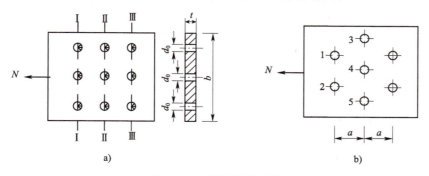

图 4-22 净截面面积的选择

解：
(1) 计算所需螺栓数目

单个抗剪螺栓抗剪承载力设计值：
$$N_v^b = n_v \cdot \frac{\pi d^2}{4} \cdot f_v^b = 2 \times \frac{\pi \times 20^2}{4} \times 140 = 87920\text{N}$$

单个抗剪螺栓承压承载力设计值：
$$N_v^b = d \sum t \cdot f_c^b = 20 \times 14 \times 305 = 85400\text{N}$$

则：
$$N_{\min}^b = \min\{N_v^b, N_c^b\} = 85400\text{N}$$

连接一侧所需螺栓数目为：
$$n \geq \frac{N}{N_{\min}^b} = \frac{940000}{85400} = 11.007，取 n = 12（个）$$

(2) 螺栓的排列布置

如图 4-23 所示，采用并列布置，连接盖板尺寸采用 2 块 -400×7，其中螺栓的端距、边距和中距均满足表 4-2 的构造要求。

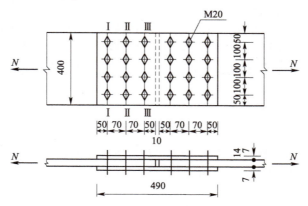

图 4-23 [例 4-2] 图 (尺寸单位：mm)

(3) 检算连接板件的净截面强度

连接钢板与盖板受最大内力均为 N，两者在最大内力处的材料、净截面均相同。螺栓孔直

径按 $d_0 = 21.5\text{mm}$ 计算。

$$A_n = (b - nd_0)t = (400 - 4 \times 21.5) \times 14 = 4396\text{mm}^2$$

$$\sigma = \frac{N}{A_n} = \frac{940000}{4396} = 213.8\text{N/mm}^2 \leqslant f = 215\text{N/mm}^2, \text{符合要求}$$

高强度螺栓连接

1. 类型与构造

高强螺栓,使用日益广泛。常用8.8和10.9两个强度等级,其中10.9级居多。普通螺栓强度等级要低,一般为4.4级、4.8级、5.6级和8.8级。

高强度螺栓用高强度钢制成,常用材料为热处理优质碳素钢,有35号钢和45号钢,性能等级为8.8级;热处理合金结构钢,有20MnTiB钢、40B钢和35VB钢,性能等级为10.9级。高强度螺栓的螺帽和垫圈等均用35号钢、45号钢或15MnVB钢,经过热处理达到规定的指标要求。高强度螺栓的螺孔一般采用钻成孔。

高强度螺栓采用钻成孔。摩擦型高强度螺栓孔径与杆径之差为1.5~2.0mm,承压型高强度螺栓孔径与杆径之差为1~1.5mm。

根据受力性能的不同,常把高强度螺栓连接分为摩擦型和承压型两种。摩擦型以被连接件之间的摩擦阻力刚被克服作为连接承载能力的极限状态。承压型则是以栓杆被剪断或孔壁被挤压破坏作为极限状态。高强度螺栓在构件上排列布置的构造要求与普通螺栓的构造要求相同。

高强度螺栓和普通螺栓连接受力的主要区别是:普通螺栓连接的螺母拧紧的预拉力很小,受力后全靠螺杆承压和抗剪来传递剪力。而高强度螺栓时靠拧紧螺母,对螺杆施加强大而受控制的预拉力,此预拉力将被连接的构件夹紧。靠构件夹紧而由接触面间的摩阻力来承受连接内力是高强度螺栓连接受力的特点。

2. 预拉力控制方法和预拉力计算

(1)预拉力控制方法

我国的高强度螺栓目前有大六角头型和扭剪型两种,如图4-24所示。虽然这两种高强度螺栓预拉力的具体控制方法各不相同,但它们都是通过拧紧螺帽,使螺杆受到拉伸作用,产生预拉力,从而使被连接板件间产生压紧力。大六角头螺栓的预拉力控制方法如下:

①转角法。先用普通扳手进行初拧,使被连接板件相互紧密贴合,再以初拧位置为起点,按终拧角度,用长扳手或风动扳手旋转螺母,拧至该角度值时,螺栓的拉力即达到施工控制预拉力。

②扭矩法。先用普通扳手初拧,要求扭矩不小于终拧扭矩的50%,然后用特制扳手(可以显示扭矩大小)将螺帽拧至预定的终拧扭矩值。应注意施拧时误差不超过10%。

与普通大六角形高强度螺栓[图4-24a)]不同,扭剪型高强度螺栓的螺栓头为盘头,螺纹段端部有一个承受拧紧反力矩的十二角体和一个能在规定力矩下剪断的断颈槽,如图4-24b)所示。预拉力控制方法采用扭掉螺栓尾部的梅花卡头法:高强度螺栓尾部连接一个截面较小的带槽沟的梅花卡头,槽沟的深度根据终拧扭矩和预拉力之间的关系确定。施拧时,利用特制机动扳手的内外套,分别套住螺栓尾部的卡头和螺帽,通过内外套的相对转动,对螺帽施加扭矩,最后螺杆尾部的梅花卡头被剪断扭掉,达到规定的预拉力值。

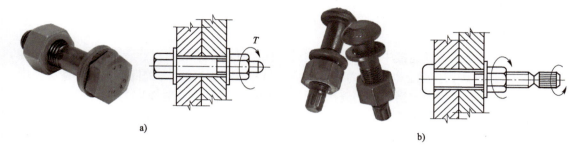

图 4-24 高强度螺栓
a)大六角头型;b)扭剪型

(2)预拉力的计算

高强度螺栓使用时,要求把螺栓拧得很紧,使螺栓产生很大预拉力,以提高连接件接触面间的摩擦阻力。为保证螺栓在拧紧过程中不会屈服或断裂,必须控制预拉力,预拉力设计值按下式计算:

$$P = 0.6075 f_u A_e$$

式中:f_u——高强度螺栓材料经热处理后的抗拉强度:8.8 级螺栓,$f_u = 830 \text{N/mm}^2$、10.9 级螺栓,$f_u = 1040 \text{N/mm}^2$;

A_e——高强度螺栓螺纹处的有效截面积。

表 4-3 列出了不同规格螺栓的预拉力设计值。

高强度螺栓的设计预拉力值 表 4-3

螺栓的强度等级	螺栓公称直径(mm)					
	M16	M20	M22	M24	M27	M30
8.8 级	80	125	150	175	230	280
10.9 级	100	155	190	225	290	355

3. 抗滑移系数

在高强度螺栓连接中,摩擦力的大小不仅与螺栓预拉力有关,还与被连接构件的材料及其接触面表面处理方法有关。钢材表面经喷砂除锈后,表面看起来光滑平整,实际上金属表面微观上仍是凹凸不平,在很高的压紧力作用下,连接构件表面相互啮合,钢材强度和硬度愈高,要使这种啮合的面产生滑移的力就愈大。摩擦面抗滑移系数 μ 值见表 4-4。

摩擦面的抗滑移系数 μ 值 表 4-4

在连接处构件接触面的处理方法	构 件 钢 号		
	Q235 钢	Q345 钢、Q390 钢	Q420 钢
喷砂(丸)	0.45	0.50	0.50
喷砂(丸)后涂无机富锌漆	0.35	0.40	0.40
喷砂(丸)后生赤铁	0.45	0.50	0.50
钢丝刷清除浮锈或未经处理的干净轧制表面	0.30	0.35	0.40

试验表明,摩擦面涂红丹后 $\mu < 0.15$,即使经处理后仍然很低,故严禁在摩擦面上涂刷红丹。另外,在潮湿或淋雨条件下拼装,也会降低 μ 值,故应采用有效措施保证连接表面的干燥。

4. 高强度螺栓连接的工作性能及计算

(1) 工作性能

在摩擦型高强度螺栓连接中,拧紧螺栓的螺帽使螺杆产生预拉力,从而使被连接件的接触面相互压紧,依靠摩擦力阻止构件受力后产生相对滑移,达到传递外力的目的。摩擦型高强度螺栓主要用于抗剪连接中。当构件的连接受到剪切力作用时,设计时以剪力达到被连接件的接触面之间可能产生的最大摩擦力、构件开始产生相对滑移作为承载力极限状态。摩擦型高强度螺栓连接的剪切变形小、弹性性能好、施工较简单、可拆卸、耐疲劳,特别用于承受动力荷载的结构。

在承压型高强度螺栓连接中,螺栓在承受剪力时,允许超过摩擦力,此时构件之间开始发生相对滑动,从而使螺杆与螺栓孔壁抵紧,连接依靠摩擦力和螺杆受剪及承压共同传递外力。当连接接近破坏时,摩擦力已被克服,外力全部由螺栓承担,此种连接是以螺栓剪坏或承压破坏作为承载力极限状态,其承载力比摩擦型的承载力高得多,但是连接会产生较大的剪切变形,不适用于直接承受动载的结构连接。承压型高强度螺栓的破坏形式与普通螺栓连接相似。

在承拉型高强度螺栓连接中,由于预拉力的作用,构件在承受外力之前,在构件的接触面上已有较大的挤压力。承受外拉力作用后,首先要抵消这种挤压力,才能使构件被拉开。此时的受拉力情况和普通螺栓受拉相似,但其变形比普通螺栓连接要小得多。当外拉力小于挤压力时,构件不会被拉开,可以减少锈蚀危害,并可改善连接的疲劳性能。

(2) 摩擦型高强度螺栓连接的计算

① 单个摩擦型高强度螺栓的承载力设计值

$$N_v^b = \frac{n_f \mu P}{r_k} = 0.9 n_f \mu P$$

式中:n_f——传力摩擦面数;

μ——摩擦面的抗滑移系数,按表 4-4 采用;

P——每个高强度螺栓的预拉力,按表 4-3 采用;

r_k——螺栓抗力分项系数,$r_k = 1.111$。

② 连接一侧所需的螺栓数目

$$n \geq \frac{N}{N_v^b}$$

式中:N——连接承受的轴心拉力。

③ 构件的净截面强度验算

假定每个螺栓所传递的内力相等,且接触面间的摩擦力均匀地分布在螺栓孔的四周,如图 4-25 所示。每个螺栓所传递的内力在螺栓孔中心线的前方和后方各传递一半。这种通过螺栓孔中心线,以前构件接触面之间的摩擦力来传递截面内力的现象称为"孔前传力"。

一般只需验算最外排螺栓所在的内力最大截面,如图 4-25 所示,最左排螺栓中心所在截面 I-I。此处该截面螺栓的孔前传力为 $0.5 n_1 \frac{N}{n}$。该截面的计算内力为:

$$N' = N - 0.5 n_1 \frac{N}{n}$$

连接开孔截面的净截面强度按下式计算:

$$\sigma = \frac{N'}{A_n} = \left(1 - 0.5 \frac{n_1}{n}\right) \frac{N}{A_n} \leq f$$

式中：n_1——截面Ⅰ-Ⅰ处的高强度螺栓数目；
　　　n——连接一侧高强度螺栓数目；
　　　A_n——截面Ⅰ-Ⅰ处的净截面面积；
　　　f——构件的强度设计值。

【例4-3】 如图4-26所示，截面为一300×16的轴心受拉钢板，用双盖板和摩擦型高强度螺栓连接。已知连接钢板钢材为Q345，$f = 310\text{N/mm}^2$，螺栓为10.9级M20，螺栓孔直径$d_0 = 22\text{mm}$，接触面喷砂后涂无机富锌漆，承受轴力$N = 1100\text{kN}$，试检算此连接强度。

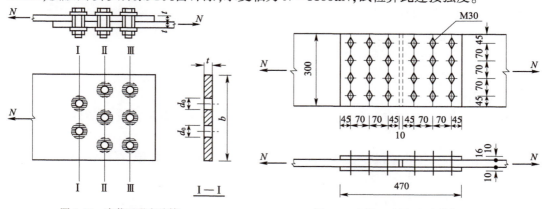

图4-25 净截面强度验算　　　图4-26 [例4-3]图（尺寸单位：mm）

解：

(1) 检算螺栓连接强度

查表4-3，一个高强度螺栓的预拉力$P = 155\text{kN}$；查表4-4，摩擦面的抗滑移系数$\mu = 0.40$，则单个高强度螺栓的承载力为：

$$N_v^b = 0.9 n_f \mu P = 0.9 \times 2 \times 0.4 \times 155 = 111.6\text{kN}$$

单个高强度螺栓承受的轴力为：

$$\frac{N}{n} = \frac{1100}{12} = 91.7\text{kN} < N_v^b = 111.6\text{kN}，符合要求。$$

(2) 检算钢板强度

构件厚度$t = 16\text{mm} < 2t = 20\text{mm}$，因此验算轴心受拉钢板截面：

$$\sigma = \frac{N'}{A_n} = (1 - 0.5 \frac{n_1}{n}) \frac{N}{A_n}$$

$$= (1 - 0.5 \times \frac{4}{12}) \times \frac{1100000}{(300 - 4 \times 22) \times 16}$$

$$= 270.2\text{N/mm}^2 \leqslant f = 310\text{N/mm}^2，符合要求。$$

【任务解答】

学习项目二　钢支架检算

【学习目标】
1. 掌握钢结构的基本概念及类型；
2. 掌握钢结构的焊接方法；
3. 掌握钢结构对接焊缝连接检算；
4. 掌握螺栓连接的方法；
5. 掌握普通螺栓连接和高强度螺栓连接检算；
6. 掌握钢支架的检算。

【任务概况】
（1）有一两端铰支、工字形截面的压弯构件，杆中间 1/3 处有侧向支撑，对该压弯构件进行检算。
（2）某连续梁 0 号块梁段模板施工支架采用墩旁三角桁架式托架支撑。三角托架为每墩侧两肢，对该三角桁架式托架检算。

请在学习完以下知识后给出答案。

一　轴心受力构件的截面形式

轴心受力构件是指承受通过截面形心轴的轴向力作用的构件。当轴心力为拉力时，称为轴心受拉构件（或轴心拉杆）；当轴心力为压力时，称为轴心受压构件（或轴心压杆）。

轴心受力构件是钢结构的基本构件，工程应用比较广泛，如桁架、塔架、网架、支撑等杆件体系，常将杆件节点假设为铰接，当无节间荷载作用时，各杆件在节点荷载作用下承受轴心拉力或轴心压力。

轴心受力构件的截面形式很多，其常用截面形式分为型钢截面和组合截面两种。型钢截面有圆钢、钢管、角钢、槽钢、工字钢、H 型钢、T 型钢等，如图 4-27 a）所示。由于制造工作量少，省工省时，所以型钢截面构件成本较低，一般用于受力较小的构件。组合截面是由型钢和钢板连接而成，其截面形式有实腹式截面和格构式截面，如图 4-27 b）、c）所示。因为组合截面的形状和尺寸几乎不受限制，由此可根据轴心受力性质和力的大小选用合适的截面。

实腹式截面是由钢板、型钢拼接形成的整体连续截面。格构式截面由几个独立的平面几何形体组成，其相对位置固定，彼此没有联系。格构式轴心受力构件又称格构柱，一般是由几个独立的肢件通过缀板或缀条联系形成整体的组合构件。与实腹式截面构件相比，在用相等材料的条件下，格构式截面的材料集中于分肢，可以增大截面惯性矩，两主轴方向等稳定性得到增强，抗扭性能好，用料节约，但制造费工。

二　轴心受拉构件的强度和刚度

受拉构件的承载能力一般以强度控制，而受压构件则需同时满足强度和稳定性的要求。另外，通过保证构件的刚度（限制其长细比）来保证其正常使用。

轴心受拉构件的设计需进行强度和刚度的验算;轴心受压构件的设计需进行强度、稳定和刚度的验算,而且在通常情况下其极限承载能力是由稳定条件决定的。

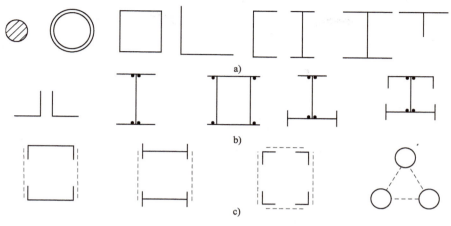

图4-27 轴向受力构件的截面形式
a)型钢截面;b)实腹式截面;c)格构式截面

1. 强度

轴心受拉构件和轴心受压构件的强度计算公式为:

$$\sigma = \frac{N}{A_n} \leq f$$

式中:N——构件的轴心拉力或压力设计值;
　　A_n——构件的净截面面积;
　　f——钢材的抗拉或抗压强度设计值。

2. 刚度

轴心受拉构件和轴心受压构件均应具有一定的刚度,才能避免产生过大的变形和振动。受拉和受压构件的刚度是以保证其长细比限值 λ 来实现的:

$$\lambda = \frac{l_0}{i} \leq [\lambda]$$

式中:λ——构件的最大长细比;
　　l_0——构件的计算长度;
　　i——截面的回转半径;
　　$[\lambda]$——受拉构件或受压构件的容许长细比,见表4-5、表4-6。

受拉构件的容许长细比　　　　表4-5

项次	构件名称	承受静力荷载或间接承受动力荷载的结构		直接承受动力荷载的结构
		一般建筑结构	有重级工作制吊车的厂房	
1	桁架的杆件	350	250	250
2	吊车梁或吊车桁架以下的柱间支撑	300	200	—
3	其他拉杆、支撑、系杆等(张紧的圆钢除外)	400	350	—

表 4-6 受压构件的容许长细比

项次	构件名称	允许长径比
1	柱、桥架和天窗架构件	150
1	柱的缀条、吊车梁或吊车桁架以下的柱间支撑	150
2	支撑(吊车梁或吊车行架以下的柱间支撑除外)	200
2	用以减少受压构件长细比的杆件	200

当构件的长细比过大时,会产生以下不利影响:
(1) 运输、安装过程中产生弯曲或过大的变形。
(2) 使用期间因其自重作用而过大的挠度。
(3) 动力荷载作用下发生较大的振动。
(4) 压杆的长细比过大时,构件的极限承载力显著降低。

三、轴心受压构件的稳定性

1. 轴心受压构件的屈曲形式

轴心受压构件丧失稳定而破坏的屈曲形式有以下三种,如图 4-28 所示。

(1) **弯曲屈曲**:只发生弯曲变形,杆件的截面只绕一个主轴旋转,杆的纵轴线由直线变为曲线,对于一般双轴对称截面的轴心受压细长构件,弯曲屈曲是失稳后的主要屈曲形式,本章只讨论弯曲屈曲。

(2) **扭转屈曲**:除支承端外的各截面均绕杆件纵轴扭转,纯扭转屈曲很少单独发生。

(3) **弯扭屈曲**:杆件在发生弯曲变形的同时伴随着扭转。

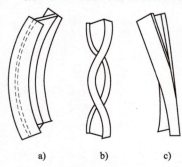

图 4-28 轴心受压构件的屈曲形式
a) 弯曲屈曲; b) 扭转屈曲; c) 弯扭屈曲

2. 实际轴心受压构件的整体稳定

在实际钢结构中,轴心受压构件的稳定性能要受到如下初始缺陷的影响,会使构件的承载能力降低。

(1) 构件加工制作过程中产生的残余应力。

残余应力是在杆件受荷前残存于截面内且能自相平衡的初始应力。主要产生原因有:焊接时不均匀受热和不均匀冷却、板边缘经火焰切割后的热塑性收缩、型钢热轧后不均匀冷却。

(2) 杆件轴线的初始弯曲、轴向力的初始偏心。

实际轴心压杆在制造、运输和安装过程中,不可避免地会产生微小的初弯曲;再因构造和施工等原因,还可能产生一定程度的初始偏心。与理想轴心压杆不同,这样的杆件一经荷载作用就弯曲,属偏心受压,其临界力要比理想压杆低,而且初弯曲和初偏心越大此影响也就越大。

《钢结构规范》对轴心受压杆件的整体稳定计算采取下列形式:

$$\sigma = \frac{N}{A\varphi} \leq f$$

式中:N——轴心压力设计值;
A——构件截面的毛面积;
φ——轴心受压构件的整体稳定系数;

f——钢材的抗压强度设计值。

3. 实际轴心受压构件的局部稳定

(1) 两种类型的局部失稳现象

①实腹式截面:轴心压杆中的板件(例如工字形组合截面中的腹板或翼缘板)如果太宽太薄,就可能在构件丧失整体稳定之前产生凹凸鼓屈变形(板件屈曲),如图4-29a)所示。

②格构式截面:轴心受压柱的肢件在缀条缀板的相邻间距作为单独的受压杆,当局部长细比较大时,可能在构件整体失稳之前产生失稳屈曲,如图4-29b)所示。

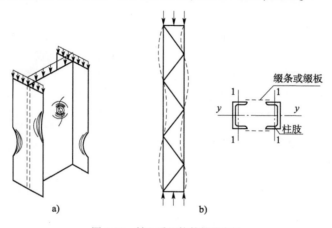

图4-29 轴心受压构件的稳定性
a)实腹式截面;b)格构式截面

(2) 局部稳定计算

实腹式轴心受压构件都是由一些板件组成的,其厚度与宽度相比都较小,因主要受轴心压力作用,故应按均匀受压板计算其板件的局部稳定。

我国《钢结构规范》采用以板件屈曲作为失稳准则。如图4-30 a)所示为工字形截面轴心压杆,按板的局部失稳不先于杆件的整体失稳的原则和稳定准则决定板件宽厚比(高厚比)限值。

工字形截面翼缘板自由外伸宽厚比、腹板的高厚比的限值分别为:

$$\frac{b_1}{t} \leq (10 + 0.1\lambda)\sqrt{\frac{235}{f_y}}$$

$$\frac{h_0}{t_w} \leq (25 + 0.5\lambda)\sqrt{\frac{235}{f_y}}$$

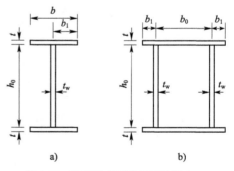

图4-30 工字形、箱形截面板件尺寸
a)工字形;b)箱形

式中:λ——构件两方向长细比的较大值,当$\lambda < 30$时,取$\lambda = 30$;当$\lambda > 100$时,取$\lambda = 100$。

如图4-30 b)所示,箱形截面腹板的高厚比的限值为:

$$\frac{b_0}{t} \text{或} \frac{h_0}{t_w} \leq 40\sqrt{\frac{235}{f_y}}$$

格构柱的单肢在缀件的相邻节间形成了一个单独的轴心受压构件,为保证在承受荷载作用时,单肢稳定性不低于构件的整体稳定性。在钢结构中,要求其单肢长细比λ_1应小于规定的许可值。

缀条式格构柱：
$$\lambda_1 \leq 0.7\lambda$$

缀板式格构柱：
$$\lambda_1 \leq 0.5\lambda，且不大于40$$

式中：λ——构件两方向长细比(对虚轴取换算长细比)的较大值，当$\lambda < 50$时，取$\lambda = 50$；

λ_1——单肢的长细比$\lambda_1 = l_1/i_1$，l_1为缀板间距或缀条节点间距离。

四 拉弯与压弯构件的检算

同时承受轴向拉力和弯矩或横向荷载共同作用的构件称为拉弯构件；同时承受轴向压力和弯矩或横向荷载共同作用的构件称为压弯构件。工程中也常把这两类构件称为偏心受拉和偏心受压构件。拉弯和压弯构件的破坏有强度破坏和整体(局部)失稳破坏。本部分主要内容为实腹式单向拉弯与压弯构件的强度、刚度、稳定性检算。

1. 强度检算

考虑轴向力和弯矩的共同作用，可按下式检算：

$$\frac{N}{A_n} \pm \frac{M_x}{\gamma_x W_{nx}} \leq f$$

式中：N——轴向拉力或压力；

A_n——构件净截面面积；

M_x——x方向的弯矩；

γ_x——截面塑性发展系数，当压弯构件受压翼缘的自由外伸宽度与其厚度之比大于$13\sqrt{\frac{235}{f_y}}$且不超过$15\sqrt{\frac{235}{f_y}}$时，取$\gamma_x = 1.0$；需疲劳计算时，宜取$\gamma_x = 1.0$；

W_{nx}——构件净截面模量。

2. 刚度检算

采用长细比来控制：

$$\lambda_{max} \leq [\lambda]$$

式中：$[\lambda]$——构件容许长细比。

当弯矩较大而轴力较小或有其他特殊需要时，还须检算拉弯构件或压弯构件的挠度或变形条件是否满足要求。

3. 稳定性检算

单向压弯构件的破坏形式较复杂，对于大多数压弯构件来说，最危险的是整体失稳破坏。单向压弯构件可能在弯矩作用平面内弯曲失稳，如果构件在非弯曲方向没有足够的支承，也可能产生侧向位移和扭转的弯扭失稳破坏形式，也即弯矩作用平面外的失稳破坏。

(1) 弯矩作用平面内的稳定

对弯矩作用在对称轴平面内(设绕x轴)的实腹式压弯构件，其在弯矩作用平面内的稳定条件按下式检算：

$$\frac{N}{\varphi_x A} + \frac{\beta_{mx} M_x}{\gamma_x W_{1x}\left(1 - 0.8\dfrac{N}{N_{Ex}}\right)} \leq f$$

式中：N——所计算构件段范围内的轴心压力；
　　φ_x——弯矩作用平面内的轴心受压构件稳定系数；
　　A——构件毛截面面积；
　　M_x——所计算构件段范围内的最大弯矩；
　　W_{1x}——弯矩作用平面内截面的最大受压纤维的毛截面模量；
　　γ_x——截面塑性发展系数；
　　N_{Ex}——考虑抗力分项系数的欧拉临界力，$N_{Ex}=\dfrac{\pi^2 EA}{\gamma_R \lambda_x^2}$；
　　β_{mx}——等效弯矩系数，按钢结构规范规定采用。

(2) 弯矩作用平面外的稳定

当弯矩作用在压弯构件截面最大刚度平面内时，如果构件抗扭刚度和垂直于弯矩作用平面的抗弯刚度较小，而侧向又没有足够的支承以阻止构件的侧移和扭转。构件就可能向弯矩作用平面外发生侧向弯扭屈曲而破坏，按下式检算：

$$\frac{N}{\varphi_y A}+\eta\frac{\beta_{tx}M_x}{\varphi_b W_{1x}}\leq f$$

式中：M_x——所计算构件范围内（构件侧向支承点之间）的最大弯矩设计值；
　　φ_y——弯矩作用平面外的轴心受压构件稳定系数；
　　β_{tx}——弯矩作用平面外等效弯矩系数，取值方法与 β_{mx} 相同；
　　η——截面影响系数，闭口截面取 0.7，其他截面取 1.0；
　　φ_b——均匀弯曲的受弯构件整体稳定系数，对闭口截面取 1.0；其余参照规范公式计算。

实腹式压弯构件，当翼缘和腹板由较宽较薄的板件组成时，有可能会丧失局部稳定，因此应进行局部稳定验算。

(1) 翼缘板的局部稳定

压弯构件翼缘的局部稳定与受弯构件类似，应限制翼缘的宽厚比，即翼缘板的自由外伸宽度 b_1 与其厚度 t 之比，应符合下列要求：

$$\frac{b_1}{t}\leq 13\sqrt{\frac{235}{f_y}}$$

当强度和稳定性计算中取 $\gamma_x=1$ 时，可放宽：

$$\frac{b_1}{t}\leq 15\sqrt{\frac{235}{f_y}}$$

(2) 腹板的局部稳定

为保证压弯构件的局部稳定，对腹板计算高度 h_0 与厚度 t_w 之比的限值见《钢结构规范》。对工字形和 H 形截面：

当 $0\leq\alpha_0\leq 1.6$ 时：

$$\frac{h_0}{t_w}\leq(16\alpha_0+0.5\lambda+25)\sqrt{\frac{235}{f_y}}$$

当 $0\leq\alpha_0\leq 1.6$ 时：

$$\frac{h_0}{t_w}\leq(48\alpha_0+0.5\lambda-26.2)\sqrt{\frac{235}{f_y}}$$

式中，$\alpha_0=\dfrac{\sigma_{max}-\sigma_{min}}{\sigma_{max}}$。

【例 4-4】 有一两端铰支、杆长 9.9m 的工字形截面压弯构件,杆中间 1/3 处有侧向支撑,如图 4-31 所示。轴心压力设计值 $N=1350\text{kN}$,中部横向荷载设计值 $F=145\text{kN}$。构件截面无削弱,翼缘板为火焰切割边,材质 Q235,构件容许长细比 $[\lambda]=150$,试对该压弯构件进行检算。

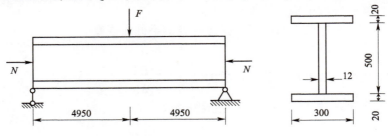

图 4-31 [例 4-4]图(尺寸单位:mm)

解:
(1) 截面几何特征

$A_n = A = 2 \times 300 \times 20 + 12 \times 500 = 18000 \text{ mm}^2$

$I_x = \frac{1}{12} \times 12 \times 500^3 + 2 \times (\frac{1}{12} \times 300 \times 20^3 + 300 \times 20 \times 260^2) = 9.366 \times 10^8 \text{ mm}^4$

$I_y = \frac{1}{12} \times 500 \times 12^3 + 2 \times \frac{1}{12} \times 20 \times 300^3 = 9.0072 \times 10^7 \text{ mm}^4$

$i_x = \sqrt{\frac{I_x}{A}} = \sqrt{\frac{9.366 \times 10^8}{18000}} = 228.1 \text{mm}, i_y = \sqrt{\frac{I_y}{A}} = \sqrt{\frac{9.0072 \times 10^7}{18000}} = 70.7 \text{mm}$

$W_{nx} = \frac{2I_x}{h} = \frac{2 \times 9.366 \times 10^8}{540} = 3.4689 \times 10^6 \text{ mm}^3$

$\lambda_x = \frac{l_{0x}}{i_x} = \frac{9900}{228.1} = 43.4$,b 类截面,查表得:$\varphi_x = 0.887$

$\lambda_y = \frac{l_{0y}}{i_y} = \frac{3300}{70.7} = 46.7$,b 类截面,查表得:$\varphi_y = 0.870$

(2) 强度检算

压弯构件中部最大弯矩:

$$M_x = \frac{Fl}{4} = \frac{145000 \times 9900}{4} = 358875000 \text{N} \cdot \text{m}$$

$\frac{N}{A_n} + \frac{M_x}{\gamma_x W_{nx}} = \frac{1350000}{18000} + \frac{358875000}{1.05 \times 3.4689 \times 10^6} = 173.5 \text{MPa} \leqslant f = 215 \text{MPa}$,符合要求。

(3) 刚度检算

$$\lambda_{max} = \lambda_y = 46.7 \leqslant [\lambda] = 150,\text{符合要求。}$$

(4) 弯矩作用平面内整体稳定检算

$$N_{Ex} = \frac{\pi^2 EA}{\gamma_R \lambda_x^2} = \frac{3.14^2 \times 2.06 \times 10^5 \times 18000}{1.087 \times 43.4^2} = 5686700.7 \text{N}$$

$$\beta_{mx} = 1.0$$

$$\frac{N}{\varphi_x A} + \frac{\beta_{mx} M_x}{\gamma_x W_{1x}(1 - 0.8 \frac{N}{N_{Ex}})}$$

$$= \frac{1350000}{0.887 \times 18000} + \frac{1.0 \times 358875000}{1.05 \times 3.4689 \times 10^6 \times (1 - 0.8 \frac{1350000}{5686700.7})}$$
$$= 206.2 \text{MPa} \leqslant f = 215 \text{MPa}$$

符合要求。

(5) 弯矩作用平面外整体稳定性检算

$$\varphi_b = 1.07 - \frac{\lambda_y^2}{44000} \cdot \frac{f_y}{235} = 1.07 - \frac{46.7^2}{44000} \cdot \frac{235}{235} = 1.02 > 1, \text{取} \varphi_b = 1。$$

$$\frac{N}{\varphi_y A} + \eta \frac{\beta_{tx} M_x}{\varphi_b W_{1x}} = \frac{1350000}{0.870 \times 18000} + 1.0 \times \frac{1.0 \times 358875000}{1.0 \times 3.4689 \times 10^6} = 189 \text{MPa} \leqslant f = 215 \text{MPa}$$

符合要求。

(6) 局部稳定检算

$$\frac{b_1}{t} = \frac{300 - 12}{2 \times 20} = 7.2 < 13 \sqrt{\frac{235}{f_y}} = 13, \text{符合要求。}$$

【例 4-5】 某连续梁 0 号块梁段模板施工支架采用墩旁三角桁架式托架支撑。三角托架为每墩侧两肢，单肢的所受荷载为 $q/2 = 930/2 = 465 \text{kN/m}$，如图 4-32 所示。

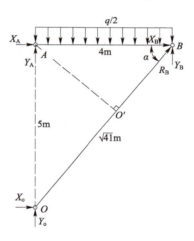

图 4-32 三角形桁架式托架

三角桁架上桁水平拉杆采用 2[40b 槽钢，加焊 2（块高 360mm、厚 20mm）+ 2（块宽 400mm、厚 10mm）的补强板，材质均为 Q345 钢，$[\sigma] = 295 \text{MPa}$，$E = 210 \text{GPa}$；斜撑杆采用 2 根直径 φ299、厚 10mm 的无缝钢管，材质为 Q235 钢，$[\sigma] = 215 \text{MPa}$，$E = 210 \text{GPa}$。试对该三角桁架式托架进行检算。

解：
(1) 内力计算

取 AB 为隔离体进行受力分析：

$$\sum M_A = 0: \frac{q}{2} \times l_{AB} \times \frac{l_{AB}}{2} = l_{AB} \times R_{BY}$$

$$R_{BY} = \frac{q}{4} \times l_{AB} = \frac{930}{4} \times 4 = 930 \text{kN}$$

$$\sum X=0: \begin{cases} X_A + R_{BX} = 0 & \cdots\cdots ① \\ Y_A + R_{BY} = \dfrac{q}{2} \times l_{AB} & \cdots\cdots ② \end{cases}$$

由②得到：

$$Y_A = \frac{q}{2} \times l_{AB} - R_{BY} = \frac{930}{2} \times 4 - 930 = 930 \text{kN}$$

$$\sum M_A = 0: \frac{q}{2} \times l_{AB} \times \frac{l_{AB}}{2} = R_B \times AO'$$

$$\therefore R_B = \frac{q l_{AB}^2}{4AO'} = \frac{930 \times 4^2}{4 \times \dfrac{20}{\sqrt{41}}} = 1190.98 \text{kN}$$

$$R_{BX} = R_B \cos\alpha = 1190.98 \times \frac{4}{\sqrt{41}} = 744 \text{kN}$$

由①得到：

$$X_A = -R_{BX} = -744 \text{kN}$$

可见，AB 杆件为受拉与弯曲组合变形，BC 杆件为受压杆件。

(2) 强度检算

上桁水平拉杆为 2[40b 槽钢，加焊 2（块高 360mm、厚 20mm）+ 2（块宽 400mm、厚 10mm）的补强板。

[40b 槽钢的参数：

$$A = 83.068 \text{ cm}^2, W = 932 \text{ cm}^3, I = 18600 \text{ cm}^4$$

上桁水平拉杆惯性矩：

$$I = 2 \times 18600 + \frac{2}{12} \times 2 \times 36^3 + \left(\frac{1}{12} \times 40 \times 1^3 + 40 \times 1 \times 20.5^2\right) = 86378.67 \text{ cm}^4$$

AB 杆跨中的最大弯矩：

$$M = \frac{\dfrac{q}{2} \times l^2}{8} = \frac{\dfrac{930}{2} \times 4^2}{8} = 930 \text{kN} \cdot \text{m}$$

跨中最大弯曲应力：

$$\sigma = \frac{M}{I} \cdot y = \frac{930 \times 10^6}{86378.67 \times 10^4} \times \frac{420}{2} = 226.10 \text{MPa}$$

最大轴向拉应力：

$$\sigma = \frac{R_{BX}}{A} = \frac{744 \times 10^3}{390.14 \times 10^2} = 19.07 \text{MPa}$$

组合最大拉应力：

$$\sigma = 226.10 + 19.07 = 245.17 \text{MPa} < [\sigma] = 295 \text{MPa}，强度满足要求。$$

(3) 刚度检算

AB 杆件：

$$f = \frac{5 \times \dfrac{q}{2} \times l^4}{384EI} = \frac{5 \times \dfrac{930}{2} \times 4000^4}{384 \times 210000 \times 86378.67 \times 10^4} = 8.54 \text{mm} < \frac{l}{400} = 10 \text{mm}，刚度满足要求。$$

(4)稳定性检算

BC 杆件的轴力：

$$N = R_B = 1190.98 \text{kN}$$

无缝钢管的参数：

$$A = 9074.6 \text{ mm}^2, I = 94853400 \text{ mm}^4, i = 102.24 \text{mm}$$

$$\lambda = \frac{l}{i_x} = \frac{\sqrt{41} \times 1000}{102.24} = 63$$

查表得：$\varphi = 0.871$

$$\sigma = \frac{R_B}{\varphi A} = \frac{1190.98 \times 10^3}{0.871 \times 9074.6} = 150.68 \text{MPa} < [\sigma] = 215 \text{MPa}，稳定性满足要求。$$

【任务解答】

小　　结

(1)钢结构的连接方法主要有焊接连接、螺栓连接和铆钉连接三种，其中螺栓连接又可分为普通螺栓连接和高强螺栓连接。

(2)焊接是目前钢结构最主要的连接方法。按构造形式不同，焊缝有对接焊缝和角焊缝两种形式。对接焊缝按作用力与焊缝方向之间的位置关系，有对接正焊缝和对接斜焊缝；角焊缝有正面角焊缝(端焊缝)、侧面角焊缝(侧焊缝)和斜向角焊缝(斜焊缝)。

(3)对接焊缝常将焊件边缘做成坡口形式，故又称为坡口焊缝。角焊缝按两焊脚边的夹角不同分为直角角焊缝和斜角角焊缝。在钢结构的连接中，最为常见的是直角角焊缝，其截面形式通常做成表面微凸的等腰三角形截面。

(4)螺栓(铆钉)的排列分并列和错列两种形式。并列布置是常用的形式，错列用得较少。普通螺栓连接有五种可能的破坏形式，应采取计算或构造措施避免之。

(5)普通螺栓连接按传力方式不同，有抗剪螺栓连接、抗拉螺栓连接和同时抗拉抗剪螺栓连接三种。高强螺栓连接的类型有摩擦型高强度螺栓连接、承压型高强度螺栓连接和承拉型高强度螺栓连接。我国桥梁结构上使用的高强螺栓目前只限于摩擦型。

(6)轴心受拉构件的设计需进行强度和刚度的验算；轴心受压构件的设计需进行强度、稳定和刚度的验算，而且在通常情况下，其极限承载能力是由稳定条件决定的。

(7)轴心受压构件丧失稳定而破坏的屈曲形式有三种：弯曲屈曲、扭转屈曲和弯扭屈曲。

(8)在实际钢结构中，轴心受压构件的整体稳定性能要受到初始缺陷的影响而导致构件的承载能力降低。实际轴心受压构件有两种类型的局部失稳现象。

【想一想】

4-1 手工电弧焊、自动或半自动埋弧焊各自有何特点?

4-2 对接焊缝和角焊缝的构造形式有哪些? 对接焊缝有何特点?

4-3 对接焊缝构造要求有哪些? 角焊缝的构造要求有哪些?

4-4 焊缝连接的缺陷有哪些? 质量检验有哪几级?

4-5 螺栓连接中螺栓的排列方式有哪些? 螺栓间距应考虑哪些因素?

4-6 受剪螺栓连接有哪些破坏形式?

4-7 摩擦型高强度螺栓连接、普通抗剪螺栓连接的机理是什么? 这两种连接方式有何区别?

4-8 轴心受拉构件、轴心受压构件的设计需进行哪些验算?

4-9 什么是轴心受压构件的整体失稳? 整体稳定计算内容是什么?

4-10 轴心受压构件的局部失稳现象是什么? 如何保证轴心受压构件的局部稳定?

【练一练】

4-1 采用对接焊缝连接两块截面为—540×22 的 Q235-B 钢板,$f_t^w = 175\text{N/mm}^2$,手工焊,加引弧板,焊条 E43,焊接质量三级。承受轴心拉力设计值 $N = 2150$ kN,试检算该焊缝强度。

4-2 两截面为—360×8 的 Q235 钢板,连接采用双盖板,截面—360×6、Q235 钢。粗制螺栓直径 20mm,其 $f_v^b = 140\text{N/mm}^2$,$f_c^b = 305 \text{ N/mm}^2$,承受轴心拉力设计值 $N = 325$ kN,试检算此连接。

4-3 截面为—300×20 的轴心受拉 Q235 钢板,采用双盖板连接,钢材为 Q235,板厚 12mm。摩擦型高强度螺栓为 8.8 级 M20,螺栓孔直径 $d_0 = 22\text{mm}$,接触面喷砂处理,承受轴力 $N = 800\text{kN}$,试检算此连接强度。

附 录

钢筋的计算截面面积及公称质量表 附表1

直径 d(mm)	不同根数直径的计算截面面积(mm^2)									单根钢筋公称质量 (kg/m)
	1	2	3	4	5	6	7	8	9	
3	7.1	14.1	21.2	28.3	35.3	42.4	49.5	56.5	63.6	0.0555
4	12.6	25.1	37.7	50.3	62.8	75.4	88.0	100.5	113.1	0.0986
5	19.6	39	59	79	98	118	137	157	177	0.154
6	28.3	57	85	113	141	170	198	226	254	0.222
6.5	33.2	66	100	133	166	199	232	265	299	0.260
8	50.3	101	151	201	251	302	352	402	452	0.395
8.2	52.8	106	158	211	264	317	370	422	475	0.415
10	78.5	157	236	314	393	471	550	628	707	0.617
12	113.1	226	339	452	565	679	792	905	1018	0.888
14	153.9	308	462	616	770	924	1078	1232	1385	1.208
16	201.1	402	603	804	1005	1206	1407	1608	1810	1.578
18	254.5	509	763	1018	1272	1527	1781	2036	2290	1.998
20	314.2	628	942	1257	1571	1885	2199	2513	2827	2.466
22	380.1	760	1140	1521	1901	2281	2661	3041	3421	2.984
25	490.9	982	1473	1963	2454	2945	3436	3927	4418	3.853
28	615.8	1232	1847	2463	3079	3695	4310	4926	5542	4.834
32	804.2	1608	2413	3217	4021	4825	5630	6434	7238	6.313
36	1017.9	2036	3054	4072	5089	6107	7125	8143	9161	7.990
40	1256.6	2513	3770	5027	6283	7540	8796	10053	11310	9.865

每米板宽内的钢筋截面面积表 附表2

钢筋间距 (mm)	当钢筋直径(mm)为下列数值时的钢筋截面面积(mm^2)											
	4	4.5	5	6	8	10	12	14	16	18	20	22	25
70	180	227	280	404	718	1122	1616	2199	2872	3635	4488	5430	7012
75	168	212	262	377	670	1047	1508	2053	2681	3393	4189	5068	6545
80	157	199	245	353	628	982	1414	1924	2513	3181	3927	4752	6136
90	140	177	218	314	559	873	1257	1710	2234	2827	3491	4224	5454
100	126	159	196	283	503	785	1131	1539	2011	2545	3142	3801	4909
110	114	145	178	257	457	714	1028	1399	1828	2313	2856	3456	4462
120	105	133	164	236	419	654	942	1283	1676	2121	2618	3168	4091
125	101	127	157	226	402	628	905	1232	1608	2036	2513	3041	3927
130	97	122	151	217	387	604	870	1184	1547	1957	2417	2924	3776
140	90	114	140	202	359	561	808	1100	1436	1818	2244	2715	3506
150	84	106	131	188	335	524	754	1026	1340	1696	2094	2534	3272

续上表

钢筋间距(mm)	当钢筋直径(mm)为下列数值时的钢筋截面面积(mm²)												
	4	4.5	5	6	8	10	12	14	16	18	20	22	25
160	79	99	123	177	314	491	707	962	1257	1590	1963	2376	3068
170	74	94	115	166	296	462	665	906	1183	1497	1848	2236	2887
175	72	91	112	162	287	449	646	880	1149	1454	1795	2172	2805
180	70	88	109	157	279	436	628	855	1117	1414	1745	2112	2727
190	66	84	103	149	265	413	595	810	1058	1339	1653	2001	2584
200	63	80	98	141	251	392	565	770	1005	1272	1571	1901	2454
250	50	64	79	113	201	314	452	616	804	1018	1257	1521	1963
300	42	53	65	94	168	262	377	513	670	848	1047	1267	1636

参 考 文 献

[1] 中华人民共和国国家标准. GB 50010—2010 混凝土结构设计规范[S]. 北京:中国建筑工业出版社,2010.
[2] 中华人民共和国行业标准. TB 10002.3—2005 铁路桥涵钢筋混凝土和预应力混凝土结构设计规范[S]. 北京:中国铁道出版社,2005.
[3] 中华人民共和国行业标准. TB 10002.4—2005 铁路桥涵混凝土和砌体结构设计规范[S]. 北京:中国铁道出版社,2005.
[4] 中华人民共和国行业标准. GB 50009—2012 建筑结构荷载规范[S]. 北京:中国建筑工业出版社,2012.
[5] 中华人民共和国行业标准. JTG D62—2004 公路钢筋混凝土及预应力混凝土桥涵设计规范[S]. 北京:人民交通出版社,2004.
[6] 孙元桃. 结构设计原理[M]. 北京:人民交通出版社,2005.
[7] 陈志华. 钢结构原理[M]. 武汉:华中科技大学出版社,2007.
[8] 李连生. 混凝土结构[M]. 北京:人民交通出版社,2008.
[9] 于辉,崔岩. 结构设计原理[M]. 北京:北京理工大学出版社,2009.
[10] 蓝宗建. 混凝土结构[M]. 北京:中国电力出版社,2011.
[11] 东南大学,天津大学,同济大学. 混凝土结构[M]. 北京:中国建筑工业出版社,2012.
[12] 陈绍蕃,顾强. 钢结构[M]. 北京:中国建筑工业出版社,2007.